AF593036

EXPOSITIONS

DES

PRODUITS DE L'INDUSTRIE,

ET DE L'HORTICULTURE,

EN SEPTEMBRE 1837.

©

EXPOSITIONS
DES PRODUITS
DE
L'INDUSTRIE
ET DE L'HORTICULTURE
DU
DÉPARTEMENT DE LA MOSELLE,

OUVERTES A METZ,

A L'OCCASION DE LA 5e SESSION DU CONGRÈS SCIENTIFIQUE DE FRANCE,

Du 1er au 20 Septembre 1837.

BIBLIOTHÈQUE NATIONALE R.F. IMPRIMÉS

METZ.

S. LAMORT, IMPRIMEUR DE L'ACADÉMIE ROYALE.

1837.

RAPPORT

SUR L'EXPOSITION

DES

PRODUITS DE L'INDUSTRIE

DANS LE DÉPARTEMENT DE LA MOSELLE,

OUVERTE LE 1er SEPTEMBRE DE LA PRÉSENTE ANNÉE, A L'ORANGERIE DU JARDIN BOTANIQUE;

RÉDIGÉ PAR M. FAIVRE.

Le jury préposé par l'Académie à l'examen des produits exposés, se composait de MM. Le Masson (président de l'Académie), Gosselin (secrétaire de l'Académie), Didion, Blanc, E. Bouchotte, Terquem, Morin, Bergère, Soleirol, Durutte, Faivre (membres de l'Académie); de MM. *Auget-Chédeaux* et *Champigneulle-Woirhaye* (membres délégués de la chambre de commerce), enfin de MM. *Bodin* et *de Guillemin*. Différens négocians, fabricans, ouvriers et artistes ont été consultés. M. Faivre était rapporteur.

Une grande révolution industrielle se prépare en Europe. Quelque effrayant que soit pour l'imagination le chiffre des dépenses que doit occasionner la construction des principaux chemins de fer actuellement en projet, il ne faut pas douter qu'avant peu d'années ces gigantesques travaux ne soient résolus et entrepris de toutes parts.

Déjà l'impulsion est donnée : les intérêts nationaux entrent en jeu ; on craint d'être devancé dans l'occupation des grandes lignes, on s'efforce à son tour de prévenir des voisins ambitieux et vigilans ; l'enthousiasme gagne, la cupidité s'éveille, la spéculation dresse dans l'ombre ses mystérieux calculs ; encore quelques années, et le char de l'industrie lancé sur ces routes nouvelles avec une incalculable et irrésistible vélocité, aura changé toutes les relations intérieures et extérieures des peuples. Car, du point de vue matériel, la circulation c'est la vie ; et changer le mode de circulation, c'est changer toutes les conditions de l'existence sociale.

Or, si les sages du siècle ne s'égarent point dans leurs études hardies de l'avenir Européen, un immense chemin de fer mettant en communication immédiate Londres, Paris, Vienne, Constantinople, deviendrait l'artère principale de cette nouvelle vie dont l'âge présent attend de si étourdissantes merveilles. Quelles ne seraient point alors les destinées industrielles et commerciales de notre ville, assise à une si grande proximité de la ligne qui joindrait la capitale de l'Autriche à la capitale de la France ! Il est, à coup sûr, impossible de prévoir, malgré l'obstacle que lui oppose sa redoutable enceinte de murailles, le haut degré de prospérité industrielle qu'elle pourrait devoir un jour à des circonstances si favorables.

Nos arts, quels qu'ils soient, méritent donc désormais une sérieuse attention. L'Académie, à qui est due parmi nous l'institution des expositions départementales, qui déjà depuis leur fondation a offert quatre fois à la cité les produits réunis de nos ateliers et de nos manufactures, n'a pas craint de devancer en cette occasion leur retour quinquennal, persuadée que l'intérêt croissant qu'inspire l'industrie, suffirait pour justifier cette apparente contravention à son réglement, lors même que la cinquième session du congrès scientifique de France, pour laquelle Metz a obtenu la préférence sur plusieurs villes rivales, n'aurait pas hautement motivé une mesure aussi opportune et aussi pleine de convenance.

Du reste, ce qui prouve toute la justesse de cette pensée, c'est l'empressement avec lequel elle a été accueillie et réalisée. Nulle autre de nos expositions, pas même celle de 1828, que l'espoir d'un regard royal avait magnifiquement improvisée, n'a eu l'éclat ni l'intérêt de celle qui vient d'étaler devant l'élite scientifique des provinces de France, les richesses industrielles de notre département.

Le bon sens populaire, cette espèce d'instinct plus sûr que la raison même, qui se manifeste si sagace et si droit dans les classes laborieuses, avait révélé à ces esprits judicieux l'importance de la réunion dont notre ville allait être le théâtre. Ils avaient compris qu'un congrès est à l'âge moderne ce qu'étaient pour l'antiquité les solennités olympiques. Ils y avaient vu d'avance l'amour-propre national engagé; les méditations provoquées et tendues vers l'accroissement de la prospérité publique; une lutte pacifique et féconde des intelligences, une gymnastique de l'esprit où de généreux athlètes viendraient en souriant préluder à de plus sérieux combats. Ils y avaient vu surtout un imposant concours de spectateurs attirés de toutes les parties du sol natal à ces fêtes de la pensée. Ils avaient soupçonné les effets heureux que devait enfanter ce frottement des génies divers; les liens utiles, les doctes transactions qui en seraient le fruit ; l'émulation qui en jaillirait pour la génération adolescente. Ils y avaient senti les premiers battemens d'ailes de ce vol, je voudrais pouvoir dire *religieux*, que se disposent à déployer l'art, l'industrie, la science, divisés, mais unis dans un même et sublimee ssor.

Les hommes de la théorie et les hommes de la pratique se sont donc entendus ; ils se sont rencontrés sur le terrain solide des vrais intérêts sociaux : et cet heureux accord n'est pas un des moindres gages de prospérité que les circonstances présentes nous offrent pour l'avenir. Heureuse notre bonne et douce patrie, si toutes nos sources de vie s'unissaient ainsi dans un lit commun, et si, comme un beau fleuve, elles promenaient à travers nos campagnes leurs ondes tumultueuses, transformées désormais en nappes paisibles et fécondes ! Ayons confiance enfin. Il y a dans le travail une paix qui calme ; bénissons le travail, et mêlons de douces espérances à la pompe de ses naissantes solennités.

L'exposition de 1837 est brillante ; elle ne compte pas moins de 184 exposans, parmi lesquels se sont fait remarquer un grand nombre d'établissemens importans par la beauté de leurs produits et l'étendue de leur fabrication. D'autres manquent encore ; de ce nombre, en particulier, sont les forges, les papéteries, les fabriques de sucre. Espérons que les industriels, qui dirigent de tels établissemens, dont les produits intéressent le département à tant de titres, comprendront un jour combien il importe que toutes nos richesses manufacturières soient offertes au public qui les consomme, dans ces sortes de fêtes du travail que célèbre tous les cinq ans l'Académie royale de Metz.

L'examen des produits s'est fait, comme par le passé,

avec une scrupuleuse attention. Outre les renseignemens obtenus par écrit, messieurs les commissaires se sont transportés dans les ateliers et les magasins ; ils ont consulté l'opinion publique, et ont requis les lumières des experts et des connaisseurs ; enfin ils ont réuni à jour fixe tous les exposans devant leurs produits, pour recueillir de leur propre bouche, et en présence de la commission assemblée, les dernières observations qu'ils pouvaient avoir à présenter.

Cette étude attentive des objets exposés a révélé dans la fabrication des perfectionnemens nombreux et importans, obtenus depuis l'exposition de 1834. Ils seront signalés au rapport dans l'ordre établi pour le classement des produits.

Quant aux distinctions, elles ont consisté, comme par le passé, en médailles de première, de seconde et de troisième classe, en mentions honorables et en simples citations.

Mais avant de passer à la distribution qui doit en être faite conformément aux résolutions arrêtées par le jury, et sanctionnées par l'Académie, qu'il me soit permis de remercier au nom de ce corps MM. Auget-Chédeaux et Champigneulle-Woirhaye, délégués de la Chambre de Commerce, et MM. de Guillemin et Bodin, invités à compléter la commission, du zèle éclairé et consciencieux avec lequel ces messieurs ont rempli la longue et difficile tâche qui leur était confiée.

L'Académie prie ces messieurs d'agréer ce témoignage public de sa reconnaissance.

Elle s'acquitte également d'un devoir en proclamant la bienveillante activité avec laquelle les autorités locales lui ont constamment prêté leur concours : on sait d'ailleurs que leur utile assistance ne manque jamais lorsqu'elle est réclamée au nom du bien public.

1re SECTION.

VERRERIES ET PRODUITS EN TERRE.

VERRERIE.

Rappel de médaille d'or.

M. Seiler administrateur des verreries royales de St-Louis.

Le bel établissement de Saint-Louis a répondu aujourd'hui dignement à l'appel de l'Académie. L'administration ayant obtenu une médaille d'or en 1828, le jury s'empresse de rappeler cette distinction, en ajoutant que de nouveaux titres l'en rendent encore plus digne, notamment la variété de couleurs, la régularité et l'amplitude de la taille que le cristal reçoit dans ces ateliers. M. Seiler n'est pas seulement un habile industriel ; sa philanthropie éclairée entretient, aux frais de l'établissement, deux sources essentielles de prospérité pour l'ouvrier, une caisse d'épargnes et une école primaire.

Médaille de première classe.

MM. Burgun-Walter, Berger et compagnie, de Goëtzenbruk.

Les verres de montres, dits *chevet*, déjà cités avec éloge en 1834, ont été depuis augmentés, dans cette verrerie, de deux articles l'un, dit *chevet bombé*, et l'autre dit *verre patent ;* tous deux sont fort recherchés en Amérique et par la marine. Un troisième article, après des difficultés qui semblaient devoir être insurmontables, fait également partie de cette fabrication ; c'est le verre à pendule forme *chevet*, dont les dimensions, le brillant et la belle eau font l'admiration des connaisseurs. Considérant qu'en 1828 on a vivement regretté de ne pouvoir décerner à l'établissement la médaille d'or, le jury croit devoir accorder, cette année, une nouvelle médaille de première classe à MM. Burgun-Walter, Berger et compagnie.

VITRERIE.

M. Georges, rue des Jardins, à Metz.

Mention honorable.

Ce vitrier se charge d'assembler des verres de couleur sur des châssis en plomb, dont le travail délicat fait honneur à sa dextérité et mérite d'être mentionné honorablement.

POTERIES, POELERIES ET TUILERIES.

MM. Fabry et Utschneider, de Sarreguemines.

Rappel de médaille de première classe.

Ces honorables concitoyens sont devenus une célébrité dans l'industrie française, et ils se sont élevés à une hauteur qui les place au-dessus de toutes les récompenses que puisse leur offrir le jury. Aussi se borne-t-il, en rappelant la médaille d'or qu'ils ont reçue de la main du Roi en 1828, à les prier d'agréer de nouveau le témoignage de son admiration pour la beauté de leurs produits.

M. d'Huart de Nothomb, de Longwy.

Médaille de première classe.

Les deux faïenceries que ce fabricant possède à Longwy-le-Bas et à Audun-le-Tiche, continuent à livrer à la consommation des produits remarquables par leur bas prix et par leur bonne qualité. Les renseignemens parvenus au jury sur l'importance de ces établissemens ont fait juger digne d'une médaille de première classe M. d'Huart de Nothomb, déjà honoré d'une médaille de troisième classe en 1823, et d'une médaille de deuxième en 1828.

Médaille de troisième classe.

MM. SPINGA ET APPOLD, de St.-Avold.

C'est la première fois que ces fabricans se montrent dans nos expositions, et dès leur début on les voit rivaliser, non sans succès, avec les principales faïenceries du département. Le bon marché et l'excellente confection du poêle et des autres objets en faïence qu'ils ont envoyés comme échantillons de leurs produits, déterminent le jury à leur décerner une médaille de troisième classe.

Médaille de seconde classe.

M. HAFFENER, tuilier à Metz.

Briques de tout genre et de toutes dimensions, briques de coupe pour conduits et tuyaux de cheminée, lucarnes en tuiles, carreaux de terre cuite des plus forts échantillons, fourneaux économiques, tuiles vernissées, rien ne manque dans cet établissement, aux exigences des architectes et des ingénieurs. Le jury a reconnu qu'il y a progrès réels, et il décerne à M. Haffener une médaille de seconde classe.

Rappel de médaille de troisième classe.

M. HANGEN, rue des Allemands, à Metz.

Ce fabricant s'est acquis depuis long-temps, dans la cité, une juste renommée pour la construction de ses poêles; il paraît aussi exceller dans l'art de tourner les poteries des plus grandes dimensions. L'extension qu'il a donnée à son industrie, le rend toujours digne de la médaille de bronze qu'il a obtenue en 1823.

Médaille de troisième classe.

M. FAGONDE, poêlier à Metz.

Ce constructeur a présenté un fourneau potager économique à deux feux, monté sur roulettes, et portant avec lui son évier, sa table de cuisine et sa caisse à charbon. Le jury accorde à ce travail d'utilité domestique, une médaille de troisième classe.

M. Denis, sculpteur à Metz, Citation.

A exposé une statue moulée, dont la matière est un composé de chaux et de recoupes de pierres. Il verse ces sortes d'objets à bas prix dans le commerce.

PIPES.

M. Jacob Knoeger, à Montigny.

A défaut de renseignemens, le jury ne peut que citer la fabrique de pipes, établie par cet industriel à Montigny.

M. Blum, de Longeville-lès-Metz,

A aussi envoyé des pipes de sa fabrique; mais ces produits sont arrivés trop tard pour que le jury en pût rendre compte.

2e SECTION.

PRÉPARATION ET EMPLOI DES MÉTAUX.

Les forges, cette partie si importante de l'industrie de notre département, ainsi que les fabriques de quincaillerie, n'ont envoyé aucun de leurs produits à l'exposition de cette année. C'est avec regret que la commission constate cette lacune parmi les produits de notre industrie manufacturière.

SERRURERIE DE SURETÉ.

Madame veuve Thiry et son fils aîné, à Metz.

Cette dame a représenté les divers objets de belle serrurerie, dus au talent de feu M. Thiry, pour lesquels vous avez décerné à sa mémoire, en 1834, une médaille de première classe ; de plus une cheminée en tôle limée fort bien exécutée, une cheminée Desarnot, un calorifère anglais et des lieux d'aisances, importés d'Angleterre.

Médaille de seconde classe.

M. Thiry fils, qui a profité des travaux de son père, et qui marche avec succès sur ses traces, a exposé une serrure remarquable par un mécanisme simple et très ingénieux, qui remédie d'une manière efficace à un défaut inhérent aux serrures à leviers, défaut auquel on avait tenté vainement de parer jusqu'ici. Il s'agissait d'empêcher qu'on découvrît par l'effet de la pression du pêne sur les leviers, la position des entailles qui donnent l'ouverture de la serrure M. Thiry a résolu ce problème important avec un rare bonheur ; c'est un pas qu'il a fait faire à son art, et qui annonce un homme profondément versé dans la théorie des serrures de sûreté.

Le jury lui décerne une médaille de deuxième classe.

COUTELLERIE.

M. Theveny, à Metz.

Médaille de seconde classe.

Cet habile coutelier des environs de Langres n'est établi à Metz que depuis 1834. Il a exposé une caisse à amputation, une autre à trépan, un forceps et un étui de chirurgie; tous ces objets, d'une exécution soignée, sont aussi d'une bonne qualité, ainsi que le constatent les certificats des chirurgiens de cette ville qui en ont fait usage.

Un assortiment varié d'objets de belle coutellerie, qui se font remarquer par un beau poli argentin et par le fini du travail, et qui sont de la fabrication de l'exposant, prouvent qu'il est très habile dans son art. Le jury le juge digne d'une médaille de deuxième classe.

Madame veuve Dubois, à Metz,

Mention honorable.

A exposé divers objets de coutellerie d'une bonne exécution, et qui présentent un beau poli. Le jury décerne à madame veuve Dubois une mention honorable.

M. Vautier, coutelier, à Metz,

Citation.

A présenté une paire de ciseaux de tailleur, fort bien exécutés.

QUINCAILLERIE.

M. Cornette, fabricant d'enclumes, à Metz,

Rappel de médaille de seconde classe.

A exposé deux enclumes en fer forgé parfaitement confectionnées, et qui prouvent que cet habile fabricant est toujours digne de la médaille de seconde classe qu'il a obtenue en 1834.

Médaille de troisième classe.

MM. DAVID (frères), à Metz,

Ont exposé des targettes, des charnières, des clinches remarquables par la modicité des prix. Ces industriels fort intelligens, dont l'établissement naissant mérite d'être encouragé, emploient des moyens mécaniques pour l'exécution de ces objets qui sont d'une meilleure confection que ceux des fabriques, quoique le prix n'en soit pas plus élevé. Le jury leur accorde, comme encouragement, une médaille de troisième classe.

Citation.

M. DIEUDONNÉ, taillandier, à Metz,

A exposé une hache de charpentier, dite *épaule de mouton*, fort bien confectionnée.

Citation.

M. CERFON, taillandier, à Metz,

A également exposé douze pièces de taillanderie d'une bonne exécution.

Rappel de médaille de troisième classe.

M. VAUCONSANT, fabricant d'étrilles, à Plantières près de Metz,

A présenté des étrilles vernies et étamées, de diverses espèces, très bien confectionnées. La fabrication de M. Vauconsant s'est augmentée et perfectionnée depuis la dernière exposition ; cet exposant se montre de plus en plus digne de la médaille de troisième classe qu'il a obtenue en 1834.

Mention honorable.

M. VILLEMOTTE père, à Plantières près Metz,

A exposé des étrilles également bien confectionnées. Cette fabrique, créée seulement de cette année, n'a pas encore pris toute son extension. Le jury décerne à M. Villemotte père une mention honorable.

M. Bigourd, ancien capitaine du génie, en retraite, à Metz,

Mention honorable.

A présenté deux scies de scieurs de long, dont le perfectionnement importé d'Angleterre, consiste dans le rapprochement des dents et la modification de leur forme. L'exposant a remarqué que ces scies coupent plus vîte que les scies ordinaires dans la proportion de de 4 à 5, qu'elles fatiguent moins les ouvriers et qu'elles fonctionnent plus droit et plus uniformément. Le jury mentionne honorablement M. Bigourd pour ce perfectionnement, qui paraît sanctionné par l'expérience.

FERBLANTERIE.

M. V. de Frontgous, à Fontoy (Moselle),

Médaille de première classe à M. de Frontgous, et rappel de même médaille à M. Varlet.

A exposé une grande variété d'objets en fer battu, noir et étamé, tels que tourtières, casseroles, poêles, cuillers à pot, gamelles de soldats, etc., etc., fabriqués par le procédé de l'estampage. M. Varlet, qui dirige cet établissement, a obtenu en 1834 une médaille de première classe. Le jury se plaît à rappeler qu'il en est de plus en plus digne ; et reconnaît que cette fabrication a pris du développement entre les mains de M. de Frontgous, auquel ce nouveaugenre d'industrie aura dû son essor dans ce département.

On a remarqué cependant que l'étamage laisse quelque chose à désirer, ce qui provient de la précipitation avec laquelle ces objets ont été confectionnés pour l'exposition.

L'exposant présente aussi des étrilles bien confectionnées, sans indication de prix ; c'est un produit accessoire, fabriqué en vue d'utiliser les morceaux de tôle qui tombent dans les coupes.

Les sacrifices que l'exposant a faits pour fixer cette

industrie daus ce département, et les développemens qu'il y a donnés, lui font décernerner par le jury une médaille de première classe.

Médaille de seconde classe.

M. Roekel-Dubut, ferblantier-lampiste et repousseur sur métaux, à Metz.

Cet industriel a exposé de jolies bouilloires en cuivre bronzé, qui se chauffent au moyen de l'alcool. Le système bien raisonné de ces appareils permet d'obtenir l'ébullition tumultueuse d'un litre d'eau en 6 à 7 minutes, avec 1 once 1 gros d'alcool, dont la valeur n'est pas de 6 centimes. — M. Roekel vient d'établir cet objet en grand pour le livrer au commerce. Il est le premier qui ait entrepris ici la chaudronnerie mince dite *cuivre-bronze anglais*.

Deux lampes à réservoir supérieur, auxquelles il a fait des perfectionnemens dans le but d'obtenir plus d'intensité de lumière, et de parer à quelques inconvéniens, ont paru d'un travail soigné, et prouvent que l'exposant est un habile lampiste.

M. Roekel a exposé également un appareil pour becs de lampes à gaz, dont les ornemens sont de bon goût et les robinets bien ajustés. M. Rockel est le seul qui exécute ici ces sortes d'appareils qu'on était obligé de tirer de Paris. Il en a placé dans plusieurs cafés de cette ville, et en expédie au-dehors.

On a remarqué enfin de sa fabrication divers objets en zinc et en cuivre, de la ferblanterie, des lampes de divers genres en bronze et en cuivre repoussé. M. Roekel n'est établi à Metz que depuis 1835.

Le jury lui décerne une médaille de deuxième classe.

Rappel de mention honorable.

M. Syndic, lampiste et repousseur sur métaux, à Metz,

A exposé cinq lampes de divers genres, en bronze et en cuivre repoussé ; le globe d'une de ces lampes porte un mouvement de montre de M. Thez, horloger. M. Syndic est le premier qui ait importé à Metz l'art de repousser les métaux au tour. Cet industriel a paru toujours digne de la mention honorable qu'il a obtenue en 1834.

M. Monchy, ferblantier et plombier, à Metz, Mention honorable.

A exposé un modèle de diverses couvertures en zinc pour toitures, qui sont employées dans des bâtimens publics à Paris, depuis plusieurs années, et qui ne sont point encore connues à Metz.

Ces couvertures n'ont ni soudures, ni clous, ni attaches ; le zinc est libre de se dilater en tous sens ; il n'est pas bridé par le faitage et les arêtiers. Le modèle peut se démonter, et il est exactement semblable à la toiture exécutée en grand. L'exposant, qui est un habile plombier, exécute lui-même ces travaux. Pour l'introduction de ce nouveau genre de couvertures, qui paraît préférable au système employé jusqu'ici, le jury décerne à M. Monchy une mention honorable.

M. François-Vaillant, ferblantier à Metz, Citation

A exposé deux fourneaux de cuisine en fonte et tôle dont l'usage paraît avantageux.

M. Rémond, ferblantier, à Metz, Citation.

A présenté une baignoire de reins en zinc, dont la forme est commode et bien raisonnée. L'exécution soignée de ce produit prouve que l'exposant travaille bien le métal dont il est fait.

CHAUDRONNERIE.

Rappel de médaille de première classe, et médaille de troisième classe.

M. Robinet (aîné), à Metz.

Cet habile chaudronnier a exposé une baignoire dite *à circulation* à laquelle il a fait des modifications avantageuses.

On a remarqué aussi, parmi les produits de cet exposant, des tuyaux en cuivre, tirés au banc, qui offrent une régularité et une netteté qu'on n'obtenait pas avant l'emploi de ce moyen. M. Robinet est le seul dans ce département qui emploie dans son état un banc à tirer. Nous voyons avec intérêt que les ouvriers commencent à sentir l'avantage des machines pour obtenir des produits plus parfaits.

Au sujet des moules à pâtisserie et d'entremets, très bien exécutés, qu'a présentés M. Robinet, nous rappellerons que l'exposant est le seul qui fabrique ce genre de produits dans ce département.

Le temps a manqué à M. Robinet pour terminer un appareil distillatoire à vapeur, qu'il voulait exposer.

Sa fabrication est étendue; il a 4 forges, et emploie 9 ouvriers. Le jury se plaît à déclarer qu'il est toujours de plus en plus digne de la médaille de première classe qu'il a obtenue en 1834, et lui en accorde une de troisième classe pour l'emploi du banc à tirer les tubes.

Mention honorable.

M. Jacob, chaudronnier, à Metz,

A présenté un alambic-bain-marie et son serpentin, dont le prix est fort modéré; de plus une baignoire fort bien confectionnée, et chauffée par un petit fourneau adapté sous le fond. L'expérience a prouvé que l'usage en est utile et très économique. Le jury décerne à M. Jacob une mention honorable.

M. DUVIVIER, fondeur, à Metz, — Rappel de médaille de troisième classe.

A exposé des robinets à deux eaux, à l'anglaise, et d'autres; il a présenté en outre des roulettes en cuivre. Le jury se plaît à rappeler qu'il est toujours digne de la médaille de troisième classe qu'il a obtenue en 1834.

M. DOSSE, fondeur de cloches, à Metz. — Médaille de troisième classe.

Cet habile fondeur a exposé deux cloches parfaitement exécutées.

L'habileté de M. Dosse, comme chaudronnier et fondeur, a été signalée en 1823 par une médaille de bronze deuxième classe, en 1826 par une autre de bronze première classe, et par un rappel de cette dernière médaille en 1828. Depuis cette époque, il s'est adonné exclusivement à la fonte des cloches, à laquelle il a apporté des perfectionnemens. Le jury décerne à M. Dosse, pour cet objet, une nouvelle médaille de troisième classe.

POTERIE D'ÉTAIN.

M. BIRON, potier d'étain, à Metz. — Citation.

Cet industriel a exposé un bain-marie et deux serpentins en étain, présentant quelques modifications. On a remarqué en outre parmi ses produits des tabatières en composition métallique, et une fontaine-filtre en pierre, dont il a le dépôt. M. Biron annonce qu'il livre des serpentins, pur étain banca, au même prix que ceux que l'on vend avec alliage de plomb.

ÉPINGLERIE.

MM. ÉMILE BOUCHOTTE et Compagnie, à Metz.

Cette maison a exposé des échantillons avec les prix

courans des divers clous, dits pointes de Paris, qu'ils fabriquent en grand au moyen de machines. Ces produits sont bien confectionnés. Les têtes, faites à froid d'un seul coup, à raison de 70 par minute, ont de la régularité et de la force. Les pointes, coupées à froid et écrouies par cette opération, passent sans rebuter à travers les nœuds des planches, ce qui n'a pas lieu avec les clous affilés à la meule. On remarque la difficulté vaincue du dressage des pointes les plus longues.

Cette fabrication, nouvelle pour le pays, a produit en un an 313,000 kilogrammes ; et cette compagnie se propose de doubler une telle fabrication.

Cette industrrie, établie d'abord à la main en 1829, a baissé, par l'emploi des machines, les prix de 40 à 50 p. °/₀. Elle a ses débouchés dans 9 départemens. Le prix du fil de fer est, terme moyen, de 42 fr. 50 centimes les 50 kilogrammes, et le prix des pointes fabriquées est de 45 fr. les 50 kilogrammes.

La maison Émile Bouchotte et compagnie, qui se fait remarquer à toutes nos expositions par l'importance de ses produits, et qui, pour la seconde fois, par des motifs de délicatesse, a renoncé d'avance à tous les genres de distinction que le jury serait disposé à lui décerner, en a paru d'autant plus digne d'être comptée au nombre de ces établissemens du premier ordre qui ne peuvent plus trouver la récompense de leurs efforts que dans le succès croissant de leurs vastes entreprises, et dans la considération publique, toujours acquise à la haute loyauté, au travail combiné largement, au génie commercial et manufacturier.

Médaille de troisième classe.

M. F. Gangloff, à Eppling, près Sarreguemines.

Cet industriel a exposé vingt sortes de clous de fil de fer, fabriqués par des moyens mécaniques : clous dits becquets pour souliers, clous pour éperons, et clous à rivets pour chaudronniers. Ces produits sont très bien exécutés, et les têtes des clous parfaitement formées. Les renseignemens transmis au jury sur la nature et l'étendue de cette fabrication, ainsi que sur la modicité de ses prix, ont fait juger M. Gangloff digne d'une médaille de troisième classe.

M. DEMBOUR, graveur, à Metz,

A exposé des cachets en cuivre avec une lettre, exécutés par des moyens mécaniques, et remarquables par la modicité du prix, que cet industriel porte à 25 centimes, y compris le manche.

Il sera reparlé de M. Dembour à la quatrième section.

M. GUGNON aîné, chaudronnier, à Metz, Citation.

A présenté des casseroles en fonte brute étamée.

Cet exposant vient de former un établissement près de Metz, pour étamer la fonte d'une manière solide et à bon marché. Il se propose aussi de tourner ses casseroles, et de livrer au commerce des produits dans le genre de ceux de Fonlonval, mais à des prix inférieurs.

M. DELACOUR fils, serrurier, à Metz,

A exposé un modèle d'escalier de fer, en vis et à jour, qui avait été déjà présenté à l'exposition de 1828.

3e SECTION.

PRODUITS EN BOIS.

ÉBÉNISTERIE.

Metz continue à se montrer, pour la fabrication des meubles, une rivale de Paris, tant sous le rapport de la bonté des produits, que sous celui de l'élégance des formes; on y fabrique ces objets mieux et à meilleur marché que dans plusieurs grandes villes environnantes, qui reçoivent de nos produits. L'exposition a offert, cette année, plusieurs meubles d'une exécution remarquable.

Médaille de troisième classe.

M. Marchal, ébéniste, à Metz,

A présenté une couche de forme gothique à filets, et une table de famille en bois de palissandre à filets en cuivre, toutes deux très bien exécutées, ainsi qu'une table du même genre, qui prouvent l'habileté de cet ouvrier dans son art. D'autres objets de prix ordinaire sont aussi d'une bonne exécution. M. Marchal a paru digne au jury d'une médaille de troisième classe.

Nouvelle médaille de troisième classe.

M. Brifaut, de Metz,

A exposé un secrétaire et une commode en beau bois de noyer loupé, d'une fabrication courante, et très bien exécutés. La forme élégante de ces meubles prouve que l'exposant a été guidé dans ses tracés par les principes qu'il a puisés aux anciens cours industriels de Metz. M. Brifaut a déjà obtenu aux expositions précédentes, une médaille de troisième classe pour divers instrumens inventés ou exécutés par lui; aujourd'hui, vu les progrès et l'étendue de sa fabrication, cet industriel a paru digne d'une nouvelle médaille de troisième classe.

M. Brandebourg, de Metz, Médaille de troisième classe.

A exécuté une commode dont la partie supérieure fait fonction de secrétaire. Ce meuble, ainsi qu'une commode de forme ordinaire, prouve l'habileté de l'exposant, et le rend digne d'une médaille de troisième classe.

M. Mauvais, de Metz, Mention honorable.

A exposé plusieurs objets en ébénisterie, dont la bonne exécution a rendu cet industriel digne d'une mention honorable.

M. Duval, de Metz, Citation.

A exposé une couchette à filets et plusieurs autres meubles;

M. Fidric, de Metz, Citation.

A présenté un secrétaire en bois de palissandre;

M. Alzinger, de Metz, Citation.

A présenté un secrétaire et une commode en bois de noyer loupé:

Ces différens produits, d'une exécution estimable, ont fait juger MM. Duval, Fidric, Alzinger, dignes d'être cités.

M. Picot, de Châlons-sur-Marne,

A présenté par l'intermédiaire de M. Delbosque-Mélo, des feuilles de placage de différentes épaisseurs; quelques-unes, de 170 au pouce, sont assez minces pour qu'on ait pu les employer à l'impression lithographique et typographique, et cet habile industriel a exposé un livre en bois imprimé et relié. Sa qualité d'étranger au département prive l'Académie du plaisir de décerner à M. Picot une médaille de première classe, dont la commission l'a jugé digne.

SCULPTURE ET GRAVURE SUR BOIS.

Mention honorable.

M. d'Hermange, de Metz,

A exposé un meuble antique, revêtu par lui de sculptures, qui ont mérité à leur auteur, ainsi que celles d'une planche d'ornemens, une mention honorable.

Citation.

M. Noel,

Pour une collection de chiffres et une planche gravée, mérite une citation.

M. Calabraise, de Metz,

A présenté quelques objets sculptés pendant les loisirs que lui laisse sa profession.

M. Casimir Oulif.

Une petite table chargée d'un service complet en ivoire, montre que M. Oulif, qui l'a exposée, est un habile tourneur; mais ce produit ne peut être considéré que comme objet de curiosité.

Rappel de médaille de troisième classe.

M. Paul, formier à Metz,

Outre les objets de sa fabrication ordinaire, pour lesquels il a déjà obtenu une médaille de troisième classe, a exposé une paillasse élastique qui présente des perfectionnemens réels. L'Académie reconnaît M. Paul de plus en plus digne de la distinction qui lui a été accordée en 1834.

CHAISES.

Les observations consignées dans les rapports du jury aux expositions précédentes, et celles auxquelles a donné lieu la présente exposition, témoignent des progrès que continue à faire ce genre d'industrie.

M. Grave (Pierre), de Metz,

Rappel de médaille de seconde classe.

A encore, cette année, perfectionné ses produits; son empaillage surtout est à l'abri de tout reproche, et le rend toujours digne de la médaille de deuxième classe qu'il a obtenue à la dernière exposition. Le jury se fait un plaisir de la rappeler.

M. Gusse, de Metz,

Médaille de troisième classe

Qui a établi dans sa fabrication la division du travail, et qui lui a donné une extension nouvelle par les soins qu'il y apporte et par l'amélioration de ses produits, a paru digne au jury de recevoir, cette année, une médaille de troisième classe.

M. Grave (Nicolas), de Metz,

Mention honorable.

A exposé plusieurs chaises empaillées, et une chaise élastique d'un système fort simple. Une mention honorable a été décernée à M. Grave Nicolas.

CANNES ET PARAPLUIES.

M. Péduzzi-Cavallo, de Metz,

Médaille de seconde classe.

A continué d'étendre sa fabrication, ainsi que ses relations avec Paris, Lyon et l'étranger. Cet industriel occupe un grand nombre d'ouvriers (45); et il est parvenu, à l'aide de plusieurs simplifications apportées dans sa fabrication, à diminuer ses prix tout en perfectionnant ses produits. M. Péduzzi-Cavallo a obtenu, en 1834, une médaille de troisième classe; mais, vu ses efforts heureux pour l'abaissement de ses prix, le jury le juge digne cette année d'une médaille de seconde classe.

Citation.

M. Barillot-Kerbak, de Metz,

A présenté un certain nombre de cannes et de parapluies qui paraissent bien faits et à des prix raisonnables. Le défaut de renseignemens sur l'étendue de sa fabrication n'a permis que de citer cet industriel.

VANNERIE.

Mention honorable.

M. Lavigne, mineur au troisième régiment du génie.

Une jardinière en bois non écorcé, exposée par M. Lavigne, se fait remarquer par la manière ingénieuse dont cet ouvrier a su conserver au bois toute sa solidité dans les petites courbures. Une mention honorable est accordée à M. Lavigne.

Mention honorable.

M. Grandjean (père),

A exposé deux voitures d'enfans, construites avec élégance et légèreté sur ressorts et roues en fer; si le prix de ces objets était moins élevé, ils pourraient remplacer avec avantage les petits chariots si lourds dont les cahots doivent être nuisibles à la santé des enfans qu'on y promène. M. Grandjean père a été jugé digne d'une mention honorable.

Citation.

M. Boury et M. Didier

Ont présenté des berceaux d'enfans et des paniers, construits avec élégance et solidité. Ces produits méritent d'être cités.

M. Boury et M. François — Citation.

Ont exposé des osiers de chars-à-bancs bien confectionnés. Ils ont paru dignes d'une citation.

M. Martin — Mention honorable.

A présenté plusieurs pommelles en bois très bien exécutées et à bas prix. Cet objet, qui facilite la préparation des peaux de chèvres, mérite une mention honorable.

M. Grandjean — Mention honorable.

A exposé des bois de selles, d'une construction légère et solide, auxquels il a ajouté un perfectionnement. Mention honorable est décernée à M. Grandjean.

4e SECTION.

PAPETERIES ET EMPLOI DE LEURS PRODUITS.

Cette branche de l'industrie départementale prend chaque jour un développement nouveau ; aussi l'exposition de 1837 l'emporte-t-elle de beaucoup, sous ce rapport, sur celles de 1826, 1828, 1834. Bien que des produits intéressans nous aient fait défaut, tels que ceux des papeteries proprement dites, des cartonneries, des fabriques de cartes à jouer et de tabatières dites de Sarreguemines, il nous reste assez pour apprécier les progrès qu'ont su faire, dans ces dernières années, les industries qui se rattachent particulièrement à l'emploi des produits de nos papeteries.

PAPIERS PEINTS.

Médaille de première classe.

M. Gautier, fabricant de papiers peints, à Metz,

A exposé des papiers satinés et communs, imprimés avec une perfection remarquable. Le dessin en est d'ailleurs du meilleur goût, le papier d'excellente qualité, et les prix inférieurs à tous ceux qu'on a jusqu'à présent établis dans cette industrie. Les bordures ont surtout fixé l'attention du jury. M. Gautier, qui a donné à son établissement une extension considérable, a dirigé depuis deux ans ses principales exportations vers l'Amérique. Cet habile manufacturier, qui emploie moyennement plus de 100 ouvriers, et qui apporte à sa fabrication des perfectionnemens notables, a paru digne, au jury, d'une médaille de première classe.

MM. Godart et Page, de Metz.

Mention honorable.

Ces fabricans de papiers peints ont exposé des papiers de bonne qualité et de bon goût, à des prix très-modiques. Ils emploient moyennement 24 ouvriers, et livrent par année au commerce 40,000 rouleaux, dont plus de moitié en papiers communs. Le jury accorde à leurs utiles produits une mention honorable.

TYPOGRAPHIE ET LITHOGRAPHIE.

M. Lamort, imprimeur, à Metz.

Médaille de première classe.

L'exposition de M. Lamort atteste suffisamment les progrès qu'il a fait faire dans nos murs à l'art du typographe. Tous les livres sortis de ses presses sont de plus en plus remarquables par leur correction et par leur belle exécution. M. Lamort emploie 20 ouvriers; il aime son art; on voit qu'il s'attache plus à produire bien qu'à produire beaucoup. Le jury reconnaît tout ce que valent les utiles travaux de M. Lamort en lui décernant une médaille de première classe.

M. Verronnais, imprimeur, à Metz,

Rappel de médaille de troisième classe.

Dont l'atelier occupe annuellement 36 à 40 ouvriers, a exposé de la typographie, de la lithographie et de la reliure. Cet habile et actif industriel, par l'importance et la variété de ses produits, parmi lesquels sa petite imagerie de piété se fait surtout remarquer, paraît toujours digne de la médaille de troisième classe qu'il a obtenue en 1828.

M. Dembour, de Metz,

N'est pas seulement l'habile graveur auquel nous devons les belles planches de la numismatique Bysantine de M. de Saulcy; c'est encore un industriel actif et intelligent qui vient de prendre place parmi nos producteurs les plus dignes d'intérêt. La lithographie et l'imagerie populaire de M. Dembour occupent déjà 70 ouvriers. Il a exposé des devants de cheminées pour l'exportation, et des images morales, dont quelques-unes se répandent annuellement dans la classe inférieure à plus de deux cent mille exemplaires. Le jury s'associe à la haute approbation que le public a donnée à cette industrie nouvelle pour notre département, et regrette de ne pouvoir décerner à M. Dembour, membre de l'Académie, la distinction de premier ordre dont cet industriel s'est montré digne.

M. Dupuy, lithographe, à Metz.

La vieille réputation de l'établissement de M. Dupuy se soutient. Cet introducteur de la lithographie à Metz a exposé les divers produits de ses ateliers; on y remarque un grand progrès. M. Dupuy, qui a donné de l'extension à son entreprise, occupe aujourd'hui 16 ouvriers, tous enfans du pays et élevés par lui. M. Dupuy, qui a en outre exposé des registres de commerce bien exécutés, fait l'imagerie commune et de piété, et l'exporte, par le colportage, dans les départemens voisins. Le jury ne peut que rappeler les distinctions honorables que M. Dupuy, aujourd'hui membre de l'Académie, a obtenues aux précédentes expositions.

RELIURE ET CARTONNAGE.

Médaille de troisième classe.

MM. Terquem et May, de Metz.

Ces exposans emploient continuellement 50 ouvriers à des travaux de reliure, de gaînerie, de cartonnage, et de coloriage, ainsi qu'au montage de divers objets qu'ils expédient par toute la France. Ils ont exposé des échantillons variés des produits de leur exploitation, qui sont aussi remarquables par leur exécution que par la modicité de leurs prix. Le jury voit avec plaisir s'établir à Metz une industrie pour laquelle le département était encore tributaire de Paris, et accorde en conséquence à MM. Terquem et May, une médaille de troisième classe.

M. Schwartz, relieur, à Metz.

Médaille de troisième classe

M. Schwartz, déjà mentionné honorablement lors de l'exposition de 1834, a exposé cette année de fort beaux cartonnages, des livres de commerce, et des reliures de tous formats et de tous prix, qui ont attiré par leur bonne exécution l'attention particulière du jury. Cet industriel a complètement suivi le mode de l'ancienne reliure hollandaise qui donne aux livres tant de solidité, et qu'il serait si avantageux de voir adopter par tous nos relieurs. Les travaux de M. Schwartz, remarquables par leur exécution et leur élégance, le rendent digne d'une médaille de troisième classe.

M. Toussaint, papetier, à Metz.

Médaille de troisième classe.

M. Toussaint s'est borné à exposer trois registres de commerce qui sont fort bien exécutés, et qui lui assurent la supériorité dans ce genre. La réglure en est parfaite, et ils sont disposés de manière à s'ouvrir à plat sans qu'on ait à craindre de les fatiguer trop. M. Toussaint, qui emploie 18 ouvriers, exporte dans les Vosges, jusques vers Châlons-sur-Saône, et dans une partie de la Belgique. Le jury accorde à M. Toussaint, pour la bonne fabrication de ses registres, une médaille de troisième classe.

M. Boutefroy, relieur, à Metz,

Rappel de mention honorable.

Déjà mentionné honorablement en 1828, a exposé

le volume et l'atlas des médailles byzantines de M. de Saulcy, imprimés et gravés avec tant de supériorité par MM. Lamort et Dembour. La reliure de M. Boutefroy est simple, élégante, solide, et prouve qu'il est toujours un de nos meilleurs relieurs.

Citation. M. Masson, fabricant de carton, à Metz,

A exposé deux feuilles de carton fort, très bien fabriquées.

Médaille de troisième classe. M. Milar, relieur, à Metz,

Déjà mentionné honorablement en 1828 pour sa construction d'une petite machine à vapeur en carton, a exposé un modèle, aussi en carton, de haut fourneau à coke et à air chaud, parfaitement exécuté. M. Milar, qui est un ancien élève des cours industriels de Metz, prouve tout le parti que des ouvriers instruits pourraient tirer de l'emploi du carton dans la confection des modèles les plus compliqués et les plus exacts. Le jury lui accorde une médaille de troisième classe.

Citation. M. Eugene Jacob, dessinateur en broderies, à Metz,

A exposé un dessin en lettres composées de jolis motifs, et qui dénote un artiste fort habile dans ce genre de travail.

5e SECTION.

FILS, TISSUS, ET LEUR EMPLOI.

COTONS.

MM. E. Bouchotte et Compagnie, à Metz,

Ont exposé plusieurs sortes de cotons filés, blancs, et de couleur ; ces produits joignent à la régularité du fil, les nuances les plus brillantes et les plus nettes qu'il soit possible d'obtenir.

Les perfectionnemens apportés par la compagnie Bouchotte dans les objets qu'elle livre au commerce, l'importance toujours croissante de leurs fabriques, ont paru au jury dignes de la réputation que cette maison s'est justement acquise pour ce genre de produits.

VELOURS ET PELUCHES.

Madame Valter aînée et Compagnie, à Metz,

Rappel de médaille de première classe

A exposé plusieurs pièces de velours et de peluches d'une finesse et d'une régularité remarquables. Cette fabrique est toujours digne de la médaille de première classe qui lui a été décernée en 1828, et que le jury s'est plu à rappeler en 1834.

M. Schmaltz, à Metz,

Rappel de médaille de première classe

A exposé plusieurs pièces de peluches noires de diverses nuances, des velours, des gros de Naples, et des cravates croisées façon levantine.

Les peluches de M. Schmaltz sont toujours dignes

de l'éloge que l'Académie en a fait à la dernière exposition; elle a vu avec satisfaction les perfectionnemens que M. Schmaltz a apportés dans la confection de ses produits; elle a remarqué avec intérêt la fabrication toute nouvelle de ses taffetas, qui peuvent rivaliser avec Lyon pour les prix et les qualités.

Mais ce qui honore particulièrement M. Schmaltz, c'est l'éloge loyal et touchant que ce fabricant a cru devoir faire de ses ouvriers dans les renseignemens transmis au jury sur son établissement. Après avoir rendu justice à tous, M. Schmaltz en distingue quelques-uns, qu'il recommande spécialement à la justice de l'Académie, et à sa sollicitude pour la classe ouvrière. *Jean Klein, de Metz,* dit M. Schmaltz; *André Hammacher, de Strasbourg, domicilié à Metz; Auguste Clessienne; Wilems aîné et Wilems jeune; tous trois de Metz, sont des ouvriers rares tant pour le travail que pour la bonne conduite, et dont l'intelligence dépasse même souvent mon attente.* L'Académie répondant avec le plus vif intérêt au vœu exprimé par M. Schmaltz, accorde une mention honorable à *Jean Klein*, à *André Hammacher*, à *Auguste Clessienne*, à *Wilems aîné* et à *Wilems jeune*.

A tant de titres, M. Schmaltz est proclamé de plus en plus digne de la médaille de première classe qu'il a obtenue en 1834.

PASSEMENTERIE.

Rappel de médaille de première classe.

M. Toussaint, de Metz.

Cette maison n'a exposé qu'un très petit nombre de ses produits; néanmoins l'Académie reconnaît M. Toussaint toujours digne de la médaille de première classe qui lui a été accordée en 1834.

M. Maury, passementier, à Metz.

Médaille de seconde classe.

La perfection et le bon goût qui se font remarquer dans les nombreux articles qu'a exposés ce fabricant, tels qu'épaulettes, pompons, torsades, cordons de sonnettes, témoignent des soins que M. Maury donne à son industrie, et de l'importance qu'elle présente. L'Académie lui décerne une médaille de seconde classe.

TISSUS DE LAINE.

MM. Schwab et Haas, de Metz.

Rappel de médaille de seconde classe.

Les flanelles blanches et les castorines de couleur de ces fabricans sont toujours remarquables, particulièrement par leur finesse et la régularité de leur tissu; les castorines rivalisent avec celles du Midi de la France. L'Académie reconnaît que ces messieurs sont de plus en plus dignes de la médaille de première classe qui leur a été accordée en 1834.

M. Lazar Aaron, de Metz,

Rappel de médaille de troisième classe.

A exposé, outre des castorines à bas prix, des moletons de laine d'une belle fabrication, et des couvertures de coton remarquables par leur régularité et leur extrême bas prix; l'Académie déclare avec satisfaction que M. Lazar Aaron lui paraît toujours digne de la médaille de troisième classe qu'il a obtenue en 1834.

M. Barthélemy (Émile), de Metz,

Médaille de troisième classe.

A exposé un grand nombre de tissus de laine de sa fabrication, tels que couvertures de laine blanche de qualités supérieures, étoffes à carreaux pour couvrir les chevaux, couvertures dites thibaudes, à très bas prix, pouvant rivaliser avec celles de Tours.

Mais ce qui distingue particulièrement la fabrication de M. Barthélemy, ce sont les importantes améliorations qu'il a introduites dans la confection des manchons, industrie importée à Metz, par M. Barthélemy père. Ce jeune industriel est parvenu à une telle perfection qu'il est impossible à l'œil le plus exercé, de distinguer le point où la trame retourne.

M. Barthélemy a également produit des flanelles-mérinos pour gilets, qui, par la finesse et la régularité du tissu, se font préférer à celles des fabriques de Rheims.

L'Académie, pour encourager et récompenser les louables efforts de ce fabricant, lui accorde une médaille de troisième classe.

CORSETS.

Rappel de médaille de troisième classe.

Madame Thouvenaint, veuve Menet, de Metz,

A exposé un corset en satin avec agrafes, sans goussets ; l'élégance de la forme, la netteté et le fini de la confection, ont prouvé à l'Académie que madame Menet n'a point démérité, et se montre toujours digne de la médaille de troisième classe qui lui a été accordée en 1834. Elle se plaît à la rappeler.

Médaille de troisième classe.

Mademoiselle Communaux, de Metz,

A exposé un corset en pout de soie blanc, d'une grande perfection de travail, et d'une grande élégance dans la forme ; les ateliers de mademoiselle Communaux acquièrent de jour en jour plus d'importance : l'Académie lui accorde une médaille de troisième classe.

Mention honorable.

Madame Jeandin, de Metz,

A exposé trois corsets remarquables par leur bonne confection et la modicité de leur prix. l'Académie lui accorde une mention honorable.

M. Werly, de Bar-le-Duc,

A exposé deux corsets sans coutures, fabriqués au moyen d'une machine à tisser, pour laquelle il a obtenu un brevet d'invention.

Les corsets de M. Werly, bien que fabriqués sans aucune couture et d'un seul morceau, réunissent toute l'élégance et la souplesse désirables; l'invention de M. Werly est remarquable encore par les bas prix auxquels il livre ses produits, à l'intérieur comme à l'extérieur, où il a obtenu de grands débouchés.

M. Werly étant étranger à notre département, l'Académie regrette vivement de ne pouvoir lui décerner une de ses récompenses du premier ordre, dont cet industriel se montre digne.

MM. Ch. Linden et fils, à Metz,

Rappel de médaille de première classe.

Ont exposé des cols-cravates en satin et en velours, remarquables par leur bonne confection, leur souplesse et surtout leur bon marché.

Les tapis et les toiles cirées des fabriques de MM. C. Linden et fils ont subi de notables améliorations depuis la dernière exposition; cette industrie, créée à Metz, par M. Linden père, livre au commerce des produits qui luttent, quant aux prix, avec ceux des fabriques de Paris et de Strasbourg. L'Académie proclame MM. Linden et fils aîné de plus en plus dignes de la médaille de première classe qu'elle leur a accordée en 1834.

M. Lion, fabricant de cols, à Metz.

Médaille de troisième classe.

Ce fabriquant a exposé huit cols-cravates en satin, en velours, et en satin turc; ces cols sont faits avec beaucoup de soin, les formes en sont gracieuses, l'étoffe souple ; M. Lion emploie continuellement un bon nombre d'ouvriers.

L'Académie a jugé ses produits dignes d'une médaille de troisième classe.

Mention honorable.

M. Fautch, tailleur à Metz,

A exposé un habit et un pantalon en drap, ainsi qu'un gilet en satin. La coupe gracieuse, le fini de la confection, et surtout le bon marché de ces articles sont remarquables.

L'Académie accorde une mention honorable à M. Fautch.

Mention honorable.

M. Dubut, confectionneur à Metz,

A exposé deux blouses en coutil, d'une confection ordinaire, mais à des prix très raisonnables. Une mention honorable lui est accordée.

Citation.

Madame Labaume, confectionneuse, à Metz,

A exposé deux blouses en coutil très bien faites.

Médaille de première classe.

M. Gorius, bonnetier, à Faulquemont,

A exposé un grand nombre d'articles de sa fabrication, qu'il a perfectionnée ; ses gilets, ses jupons et ses caleçons feutrés, qu'il livre à de très-bas prix, sont remarquables par le moelleux et la régularité du tissu. Ce laborieux industriel, qui a obtenu une médaille de seconde classe en 1834, a été jugé digne, cette année, d'une médaille de première classe.

Mention honorable.

Madame Pongs, de Metz,

A exposé une serviette en fil écru, dessin à colonnes. Cette dame fabrique également le damassé blanc.

L'Académie lui accorde une mention honorable, et l'encourage à continuer ses efforts, en vue d'étendre une fabrication qui peut devenir intéressante pour notre département.

M. Jacob dit Cerf Beer, de Metz,

Médaille de seconde classe.

A exposé une croix de chasuble, brodée en or sur velours cramoisi.

M. Jacob a tellement perfectionné son industrie, la seule de ce genre dans notre département, que ses produits rivalisent avec ceux de Lyon et de Paris, pour la richesse, l'heureuse disposition des dessins et la perfection du travail.

L'Académie le proclame digne d'une médaille de seconde classe.

FLEURS ARTIFICIELLES.

L'Académie exprime le regret de ne compter qu'un seul exposant en ce genre d'industrie, pour lequel notre ville compte plusieurs fabriques importantes.

Madame Casse, fleuriste à Metz,

Mention honorable.

A présenté au jury différens genres de fleurs artificielles, dans lesquelles il a remarqué une grande délicatesse de travail et une ingénieuse imitation de la nature. Mention honorable est décernée à madame Casse.

BRODERIES SUR ÉTOFFES.

MM. P. J. Chédeaux et Compagnie, de Metz.

Rappel de médaille de première classe.

Cette maison, qui a obtenu les distinctions les plus élevées à toutes nos expositions, n'a pas dédaigné d'orner celle-ci des riches produits de ses ateliers. Comprenant le véritable but de cette institution, si éminemment utile, la maison Chédeaux donne à la fois un noble exemple et un sage avertissement aux industriels qui, déjà honorés de nos récompenses du premier ordre, dédaignent, ou tout au moins négligent, de représenter leurs produits au public, étonné de leur absence.

Du reste, tout a été dit sur la maison Chédeaux, qui, loin d'avoir rien perdu pour être passée en des mains nouvelles, accroît chaque jour l'importance et l'étendue de ses relations, augmente, par une sage division du travail, la beauté de ses produits et le salaire de ses ouvriers, et prouve ainsi qu'après avoir obtenu les plus hautes distinctions, un producteur peut, non seulement soutenir, mais encore élever sa réputation.

Le jury se fait un honneur de rappeler les médailles d'or et d'argent de première classe, obtenues par la maison Chédeaux aux précédentes expositions.

BRODERIES ET TAPISSERIES SUR CANEVAS.

Rappel de mention honorable.

Madame Gérard Watrin, de Metz,

N'a exposé qu'un tableau de tapisserie sur canevas. L'élégante disposition du sujet, la régularité, la perfection du point, l'assemblage des nuances sont remarquables, comme tout ce qui sort de l'atelier de madame Gérard. L'Académie se plaît à rappeler la mention honorable qu'elle lui a décernée en 1834.

Mention honorable.

Madame Becker, de Metz,

A exposé un vase de fleurs brodées en soie et en tapisserie laine, parfaitement relevées et nuancées.

Une guirlande sur canevas en soie blanche, la tapisserie de cet objet, ainsi que la broderie d'un cordon de sonnette en application de velours entouré d'un filet d'or, sont très remarquables par leur disposition gracieuse et leur belle confection. L'Académie accorde à madame Becker une mention honorable.

Madame Voisard, de Metz, Citation.

A exposé un vase en tapisserie, garni de fleurs brodées et de fruits relevés. C'est un ouvrage qui se recommande par le goût avec lequel il est exécuté.

Mademoiselle Boulanger, de Metz, Citation.

A exposé une chemise pour homme, en batiste d'Ecosse. La coupe toute nouvelle, la couture perfectionnée de cet objet ont paru remarquables à l'Académie, qui se plaît à citer mademoiselle Boulanger.

Mademoiselle Barillot, de Metz,

A exposé une collerette plissée.

M. Martin, tapissier, à Metz, Citation.

A exposé un fauteuil en damas bleu, broché blanc. La forme et la main-d'œuvre de ce produit témoignent du bon goût de M. Martin.

Le jury a regretté que cet industriel se fût borné à ce seul objet d'un atelier assez important.

L'Académie ne peut que citer les articles et le nom des exposans qui suivent; leurs produits ayant été présentés après l'adoption des rapports de toutes les sections.

M. Champigneulle jeune, drapier, à Metz,

Une coupe de flanelle 4/4, et une pièce de molleton blanc 3/4; un feutre cylindrique dit manchon à papeteries.

Madame Det[illegible]e, fabricante de corsets, à Metz,

Un corset en satin.

Mademoiselle Louise Duval,

Une chemisette et une collerette plissées.

6e SECTION.

PRÉPARATION ET EMPLOI DES PEAUX ET DES POILS.

TANNAGE.

Cette importante industrie de notre département avait manqué à l'exposition de 1834 ; l'Académie a vu avec satisfaction, plusieurs fabricans répondre cette année à son appel.

Médaille de première classe.

MM. Gillard (frères), à Sierck,

Ont envoyé un cuir de provenance américaine, travaillé à la fusée. Ces fabricans, par une disposition nouvelle donnée à leurs passemens qui sont placés par étages, font écouler la fusée de l'un à l'autre passement. Quatre trains de passemens étant rangés les uns au-dessus des autres, il en résulte que la peau passe par quatre eaux, l'une plus forte que l'autre ; et en six ou huit jours elle est bonne à être mise en fosse.

MM. Gillard, par l'étendue de leurs relations, la réputation que leurs produits ont acquise dans le commerce, la beauté et la bonté du cuir fort qu'ils ont exposé, ont mérité une médaille de première classe.

Médaille de seconde classe.

M. Lalleberteaux, de Metz,

Qui déjà en 1834, par la qualité des peaux qu'il avait exposées, a mérité une mention honorable, a été cette fois jugé digne d'une médaille de seconde classe.

Médaille de troisième classe.

M. Gérard, de Metz,

A exposé des cuirs forts du pays, travaillés avec les écorces de la Moselle ; leur bonne qualité et le prix auquel il les livre au commerce, ont mérité à cet industriel une médaille de troisième classe.

M. Chenot, de Metz, et M. Riff de Boulay, Citation.

Méritent d'être cités pour les cuirs corroyés qu'ils ont présentés à l'exposition.

CUIRS VERNIS.

M. Bretnacher, de Boulay, Médaille de troisième classe.

Vient tout récemment de monter une fabrique de cuirs et de chapeaux vernis. L'accroissement rapide de sa fabrication, la modicité de ses prix, et la bonne qualité de l'enduit qu'il applique sur les peaux et les chapeaux qu'il vernit, ont mérité à cet industriel, une médaille de troisième classe.

CORDONNERIE.

Cette industrie n'a point cessé d'être en progrès à Metz; elle s'y développe au contraire de plus en plus en raison de l'excellent travail de nos ouvriers, de la bonté et du bas prix de leurs chaussures, qualités qui les font rechercher au loin.

M. Michels-Maire, bottier, à Metz. Médaille de seconde classe.

Ce fabricant, qui a obtenu en 1834, une médaille de troisième classe, pour les perfectionnemens qu'il a introduits dans la cordonnerie, a continué d'étendre et d'améliorer sa fabrication. Aussi a-t-il été jugé digne cette année d'une médaille de seconde classe.

M. Pelletier, de Metz. Médaille de troisième classe.

Bien que cet habile cordonnier n'ait exposé qu'une paire de souliers, comme le travail en est nouveau, et constate un progrès dans l'art, il a été jugé digne d'une médaille de troisième classe.

Médaille de troisième classe.

M. Michels-Sindic, de Metz, place du Quarteau.

Ce bottier a exposé des chaussures qui, par leur bonne exécution, l'ont fait juger digne d'une médaille de troisième classe.

Mentions honorables.

MM. François, Grégoire, Jacquemin, Fontaine, Péchoutre, Pardon,

Méritent, pour la bonne fabrication de leurs produits, d'être mentionnés honorablement.

Citation.

M. Collot, de Metz,

A exposé des bottes et des souliers pour lesquels il mérite d'être cité.

Citation.

M. Doeuil

Mérite une citation pour une paire de guêtres d'un genre nouveau, en cuir doux, sans coutures et lacées.

Citation.

Madame Noirel,

A exposé des guêtres lacées, destinées aux personnes qui sont atteintes de varices; cette dame mérite une citation.

SELLERIE.

Médaille de première classe.

M. Georges,

A qui l'on doit d'avoir fait faire à l'art du sellier à Metz, de grands pas vers la perfection, avait obtenu, en 1834, une médaille de troisième classe. Cette année, en raison des produits nombreux et variés qu'il a exposés, vu leur bonne exécution, leur utilité commerciale, et l'importance que cette fabrication a prise, l'Académie a jugé M. Georges digne de la médaille de première classe.

M. Boya et M. Crouzillard, Citation.

Méritent d'être cités pour la bonne exécution des selles qu'ils ont exposées.

CHAPELLERIE.

Cette industrie, qui a été long-temps décroissante à Metz, ne tardera pas, il faut l'espérer, à reprendre le rang où la placent la bonté et le bas prix de ses produits.

La chapellerie se divise actuellement en deux branches bien séparées : les chapeaux de peluche de soie et les chapeaux de feutre.

Les chapeaux de soie exigent moins d'art dans la fabrication que ceux de feutre, et cependant il faut les placer en première ligne, à cause de l'importance qu'ils ont acquise dans la consommation, par leur lustre, leur légèreté et la modicité de leur prix.

Les chapeaux de feutre, qui exigent beaucoup d'habileté dans la fabrication pour être solides et légers, en même temps que teints d'une couleur durable, et d'un beau reflet, n'entrent plus que pour un cinquième et même un sixième dans la consommation. Cependant si l'on parvenait à leur donner la même légèreté et le même lustre qu'aux chapeaux de soie, en les ramenant aux mêmes prix, ils mériteraient la préférence, pour leur solidité.

M. Voisard, de Metz, Médaille de seconde classe.

Qui a obtenu une mention honorable en 1834, a été jugé digne cette année d'une médaille de seconde classe, pour l'exécution soignée de ses chapeaux en peluche de soie, et la modicité de ses prix dans les qualités inférieures.

Médaille de seconde classe.

M. Baudouin, de Metz,

A qui une médaille de troisième classe a été accordée à la dernière exposition, a paru digne cette année d'une médaille de seconde classe, pour la bonne fabrication de ses chapeaux de feutre et de soie.

Rappel de médaille de troisième classe.

M. Crosse (jeune), de Metz,

Qui a mérité des mentions honorables aux expositions de 1823 et 1828, et qui a obtenu une médaille de troisième classe en 1834, a mérité, par la qualité soutenue de ses produits et la modicité de ses prix, que cette distinction lui fût continuée.

Médaille de troisième classe.

M. Auburtin, de Metz,

A été jugé digne, pour sa bonne fabrication, d'une médaille de troisième classe.

BROSSERIE.

Rappel de médaille de première classe.

M. Delbosque-Mélo, de Metz.

Cet honorable fabricant n'a cessé, par de constans efforts, d'améliorer la fabrication des produits qui sortent de son vaste établissement. Aussi ses relations commerciales se sont-elles étendues graduellement chaque année, et l'on doit s'attendre à leur voir prendre encore un nouvel accroissement.

M. Delbosque-Mélo a donc des droits incontestables au rappel de la médaille de première classe qui lui a été décernée en 1826. Il mériterait mieux si l'Académie pouvait décerner une plus haute distinction; il en serait digne par la générosité qu'il met à régler le salaire des nombreux ouvriers employés dans sa fabrique.

PERRUQUES, FAUX TOUPETS.

M. Champigny et M. Chauvel, de Metz, — Mention honorable.

Ont été jugés dignes d'une mention honorable, pour avoir essayé, dans un but d'amélioration hygiénique, de substituer un tissu transparent aux tresses qui forment le réseau de la plupart des perruques.

M. Lapierre, M. Florentin, et M. Witaker — Mention honorable.

Ont mérité une mention honorable, pour la bonne exécution des perruques et des toupets qu'ils ont exposés.

PRODUITS DIVERS.

M. Kraft, de Metz, — Citation.

A exposé divers bandages qu'il exécute lui-même, et qui permettent de le citer parmi les bons ouvriers de notre ville.

Madame Brusseaux, de Metz, — Citation.

A exposé un tapis en peau de loup ; ce produit mérite d'être cité.

M. Grégoire, de Metz, — Mention honorable.

Fabrique des plumes de bonne qualité, pour lesquelles il a été jugé digne d'une mention honorable.

M. Watrin, coiffeur à Metz, — Citation.

A exposé des cheveux habilement tressés, pour bracelets, bagues et cordons ; il mérite d'être cité.

Madame Oswald — Citation.

A été jugée digne d'une citation pour le soin et le goût avec lesquels elle empaille les oiseaux.

7e SECTION.

PRODUITS CHIMIQUES.

Médaille de seconde classe.

MM. Appold (frères), fabricans à Boulay et à Saint-Avold.

Ces industriels ont exposé des produits très remarquables, qui affranchissent nos ateliers de teinture du tribut payé à l'étranger.

Le jury, pour cette importation, leur a décerné une médaille de seconde classe.

Médaille de troisième classe.

M. Lambert, de Metz,

A exposé du noir d'ivoire et du savon. Ces produits, d'un débit courant, d'un usage domestique, et à des prix modérés, ont mérité à cet industriel une médaille de troisième classe.

Mention honorable.

M. Biron, de Metz,

A exposé de la potée d'étain; la qualité supérieure de ce produit a fait juger M. Biron digne d'une mention honorable.

Mention honorable.

M. Schmit-Royer, de Metz,

A présenté de la bougie et des cierges dits *de l'étoile*.

Le jury, après avoir reconnu les avantages qu'offrent ces produits sous le rapport de l'économie et de l'éclat de la lumière, a décerné à M. Schmit-Royer une mention honorable.

Madame veuve Fourquin, de Metz, — Citation.

A exposé des chandelles et des bougies bâtardes, parfaitement fabriquées et d'une grande blancheur.

M. Mary, de Metz. — Citation.

L'huile épurée sortie de la fabrique de M. Mary, et les renseignemens fournis par cet industriel, démontrent que l'importance commerciale de Metz pour ce genre de produits, s'accroît de jour en jour par les exportations.

AMIDONNERIES.

M. Hourlier, de Metz, — Médaille de troisième classe.

A présenté de l'amidon d'une extrême blancheur et fondant bien, qualités fort recherchées dans les arts. Le perfectionnement apporté dans sa fabrication, a valu à M. Hourlier une médaille de troisième classe.

M. Watrin, de Moulin-Neuf-sous-Saint-Avold, — Mention honorable.

A exposé deux sortes d'amidon, d'un prix très modéré et de bonne qualité. Pour cet avantage offert à nos fabriques d'indiennes, le jury décerne à M. Watrin une mention honorable.

M. Pierné, de Metz. — Citation.

L'amidon présenté par ce fabricant, a paru bien préparé et d'un prix avantageux pour le commerce.

PRODUITS DIVERS.

M. Forest, de Metz, — Citation.

A exposé une nouvelle espèce d'amadou qui n'a pas paru au jury répondre aux vues de l'inventeur.

M. Legendre, de Metz,

Déjà mentionné honorablement en 1834, a exposé de nouveau des vases en verre raccommodés; mais ces produits sont arrivés trop tard pour pouvoir être admis au concours.

8e SECTION.

MACHINES, INSTRUMENS ET MODÈLES DIVERS.

INSTRUMENS ARATOIRES.

M. Léonard, charron-mécanicien à Courcelles-Chaussy. Médaille de seconde classe.

Cet ingénieux et infatigable industriel a exposé le modèle d'une machine à battre, à manége, dont le bon usage est constaté par le succès qu'elle a obtenu parmi les agriculteurs. On a remarqué seulement que l'exécution laisse, quant au fini, quelques perfectionnemens à désirer.

L'Académie, qui a décerné une mention honorable à M. Léonard en 1834, croit devoir accorder à l'auteur d'une machine aussi utile, une médaille de seconde classe.

M. Revellon Citation.

A exposé un modèle de pressoir exécuté avec trop peu de soin pour que le jury pût se former une opinion sur la manière dont l'auteur construirait ceux qui lui seraient demandés.

APPAREILS DISTILLATOIRES.

M. Gugnon (aîné), de Metz, Rappel de médaille de première classe.

Les perfectionnemens introduits par cet industriel dans l'appareil distillatoire qu'il a exposé cette année, ont paru au jury un nouveau titre à la médaille de première classe qu'a obtenue M. Gugnon en 1834.

Médaille de seconde classe.

M. Gugnon-Dosse, de Metz.

Un rapport a été fait en 1834, à l'Académie royale de Metz, sur l'appareil distillatoire présenté par M. Gugnon-Dosse. Ce rapport, imprimé par extrait et publié par M. Gugnon, justifiera suffisamment la médaille de seconde classe dont le jury l'a jugé digne.

MACHINES ET OBJETS DIVERS.

M. Sauce, mécanicien à Dieuze,

A envoyé une petite pompe à incendie, suffisante pour une habitation particulière, et comme modèle de celles qu'il construirait sur de plus grandes proportions, pour de plus vastes établissemens.

Cette pompe, qui n'exige qu'un seul corps, est à double effet; les soupapes d'aspiration et de refoulement sont à lanternes, ce qui les rend bien moins sujettes à se dégrader que les soupapes à clapet, et faciles à visiter; la tige du piston est guidée dans son mouvement de manière à rester verticale, sans qu'il en résulte des frottemens latéraux considérables. L'ajustage des boyaux est fait avec simplicité, de manière à éviter les fuites. On eût voulu seulement que l'auteur y adaptât une disposition qui permît d'aspirer, au besoin, l'eau d'un puits ou d'une rivière, ce qui serait si utile dans les campagnes.

Le jury, lié par son règlement, regrette que M. Sauce soit étranger, et ne puisse être gratifié d'une médaille de seconde classe dont il a paru digne.

Citation.

M. Gille, fondeur,

A exposé une pompe à incendie, portée sur une voiture, imitée des caissons de la nouvelle artillerie.

La construction de la voiture n'a pas paru assez solide, eu égard aux chemins dans lesquels cette voiture doit circuler.

Quant à la pompe elle-même, elle est bien exécutée, mais on regrette que l'auteur n'ait pas établi de moyens pour y ajuster un tuyau aspirateur.

M. Langevelle, pompier, — Citation.

A exposé une pompe à incendie, dont l'exécution est bonne et le prix peu élevé, mais qui n'a pas non plus de tuyau aspirateur.

M. Delaittre, fondeur, — Citation.

A exposé également une pompe à incendie et un modèle de pompe ordinaire. Ces deux pièces sont bien exécutées.

M. Duvivier, fondeur, rue de la Monnaie, à Metz, — Médaille de troisième classe.

A exposé deux corps de pompe aspirante et foulante, à simple effet, dans l'un desquels il a remplacé la soupape à clapet par une soupape à soulèvement. Ces appareils sont d'une bonne exécution, d'une solidité suffisante, et, quoique laissant encore quelques perfectionnemens à désirer, ont rendu leur auteur digne d'une médaille de troisième classe, que le jury se plaît à lui décerner.

M. Musillon, maître ouvrier à la 1re compagnie d'ouvriers d'artillerie, — Médaille de première classe.

A exposé, comme ouvrage de grosse forge, des pendules balistiques, établis au polygone de Metz, et ceux qu'il exécute en ce moment pour la poudrerie du Bouchet. Ces appareils sont d'une exécution parfaite, et d'une exécution d'autant plus remarquable que les barres qui les composent, pesant de 200 à 230 kil. ont été soudées au marteau à main, et ajustées sans le secours de la lime.

L'Académie décerne à M. Musillon une médaille de première classe.

Médaille de seconde classe.

M. Villemotte, serrurier,

A exposé des étaux de forgeur et limeur fort bien faits. On a observé cependant que son étau tournant prend un mouvement excentrique, par suite duquel le pied et les mâchoires de cet instrument s'inclinent, ce qui est un défaut, du reste, facile à corriger.

M. Villemotte a été jugé digne d'une médaille de seconde classe.

Médaille de première classe.

M. Betford, ingénieur-mécanicien, à Metz.

On a remarqué, sous le nom de cet exposant, un tour en l'air d'une construction élégante, ingénieuse et très-soignée, qui permet d'exécuter des guillochages de toutes formes, des dents d'engrenage, des vides de formes variées. Le même ingénieur y a joint des échantillons d'un fini remarquable, en ivoire et en houille d'Ecosse, et a exposé un modèle d'affût pour le tir des fusées de guerre, exécuté avec un fini parfait.

L'Académie décerne à M. Betford, une médaille de première classe.

Rappel de médaille de seconde classe.

M. Bodin, artiste à l'école d'application,

A exposé un niveau à lunette, dans lequel on remarque une disposition nouvelle et fort simple, à l'aide de laquelle on peut facilement rendre l'axe optique de la lunette perpendiculaire à l'axe de rotation du niveau. Le même artiste a présenté un tour à l'archet, à tige cylindrique, d'une construction à la fois simple, précise et économique, et des instrumens de mathématiques d'un fini parfait.

Le jury se fait un honneur de rappeler la médaille de seconde classe, décernée en 1834 à M. Bodin, et à laquelle cet habile artiste a produit tant de nouveaux titres.

M. Jacotin, horloger à Conflans.

Médaille de seconde classe.

Ancien élève des cours industriels de Metz, M. Jacotin a exposé une balance de précision, dans laquelle on remarque une disposition ingénieuse pour soulever le support, et le replacer de manière que les couteaux se retrouvent exactement à la même place sur leur plan de support.

Le jury décerne à M. Jacotin une médaille de seconde classe.

HORLOGERIE.

M. Jacot, horloger à Metz,

Citation.

A exposé une horloge de tour, dont l'exécution paraît laisser à désirer. On y remarque des engrenages à lanterne qui devraient être proscrits de toute construction un peu soignée. On n'a pas trouvé que les roues fussent montées avec assez de soin sur leurs axes.

INSTRUMENS DE MUSIQUE.

M. Langer, de Metz,

Médaille de première classe

A exposé un piano de *grande forme*, d'une excellente facture. Les sons du medium, et ceux de la basse surtout, ont du moelleux et de la force. L'instrument présente des progrès réels de la part de ce facteur, qui, à la précédente exposition, ayant obtenu la médaille de seconde classe, a été jugé digne, cette année, d'une médaille de première classe.

Médaille de seconde classe.

M. Caye, de Metz.

Cet habile facteur a exposé un piano, une guitare et un acolodicon à quatre octaves. Le piano, d'un prix modéré, est généralement bon, sauf les sons du haut, qui ont besoin d'être perfectionnés. Quant à la guitare, elle ne laisse rien à désirer, et le prix auquel la porte M. Caye, est inférieur à celui des guitares de Paris. L'acolodicon est un essai qui a bien réussi à M. Caye. On sait que l'acolodicon est un instrument à touches, dont le son est produit par des anches métalliques que l'air met en vibration. Le jury engage M. Caye à fabriquer quelques instrumens de ce genre à six octaves et demie. L'acolodicon peut se donner à un prix très modéré : il tiendrait lieu de l'orgue dans une chapelle ou dans une église de campagne, sans nécessiter double emploi, la même personne pouvant à la fois chanter au lutrin et s'en accompagner ; et peut-être serait-il bon d'en introduire l'étude dès aujourd'hui dans le cours de musique de l'école normale. Nous abandonnons cette idée au directeur éclairé de cette école, avec la certitude qu'il y donnera suite si elle est bonne.

Le jury a pensé que M. Caye, tant à cause de la modicité de ses prix qu'en raison des progrès de sa fabrication et de l'extension qu'il lui a donnée, est digne de la médaille de seconde classe.

Médaille de troisième classe.

M. Peiffer, de Metz.

Le cornet à pistons que M. Peiffer a exposé, est d'un nouveau modèle; les sons en sont justes et de bonne qualité. Seulement le prix en est encore un peu élevé. La commission, toutefois, a jugé que, tant à raison des perfectionnemens apportés dans l'exécution de cet instrument, que pour encourager une industrie nouvelle, M. Peiffer mérite une médaille de troisième classe.

MÉDAILLE D'HONNEUR

DÉCERNÉE PAR LE CONGRÈS, A M. LÉONARD.

M. Léonard, charron-mécanicien à Courcelles-Chaussy, a présenté la charrue perfectionnée qui lui a mérité une distinction dans une de nos précédentes expositions. Depuis lors, les ateliers de ce fabricant d'instrumens aratoires ont pris une grande extension, principalement pour la construction des machines à battre les grains. Ces utiles machines, qui ont été introduites dans notre contrée par messieurs de Dombasle et Hoffman, n'étaient accessibles, à raison de leur prix élevé, qu'aux grandes exploitations. M. Léonard en a d'abord fabriqué de très petites, mues à bras; et ensuite il est parvenu à baisser considérablement le prix des grandes, en remplaçant les engrenages par des courroies. Depuis quelques années, il en a établi un grand nombre dans la Moselle, la Meuse et la Belgique. Il vient de fonder un atelier dans ce dernier pays, et ne peut aujourd'hui suffire aux nombreuses commandes qui lui sont faites. Il s'occupe aussi à former des ouvriers habiles dont le besoin se fait généralement sentir aux cultivateurs; et il contribuera de cette manière, par l'amélioration des instrumens, à celle de l'agriculture.

Les cultivateurs se sont toujours plaints de la difficulté d'extraire la graine du trèfle. Tous les procédés connus exigent beaucoup de temps et de travail. Aussi, les sociétés d'agriculture de tous les pays ont bien des fois mis au concours la découverte d'un instrument propre à l'égrenage du trèfle. M. Léonard a eu l'idée de faire servir les batteurs mécaniques à cette opération, au moyen d'une modification qui s'y adapte très facilement. On a pu voir à l'exposition un modèle du batteur réduit au sixième, et approprié au battage du trèfle. L'Académie royale de Metz a nommé une commission pour faire les expériences et constater les avantages de l'invention de M. Léonard. Nous ne devancerons pas son jugement; cependant nous pouvons dire dès aujourd'hui que les cultivateurs qui ont fait usage de la nouvelle machine, trouvent cette manière d'égrener le trèfle, préférable à toutes les autres. M. Léonard a eu le désintéressement de ne pas prendre de brevet d'invention.

D'après toutes ces circonstances, le jury d'examen sachant que M. Chevereaux, secrétaire et délégué de la société d'agriculture du département de l'Eure, était porteur d'une médaille d'honneur pour l'industrie agricole, a désigné M. Léonard comme digne de cette distinction. M. Chevereaux a demandé que le congrès voulût bien lui-même décerner cette médaille.

En conséquence, sur le rapport du jury, le congrès scientifique de France décerne à M. Léonard, de Courcelles-Chaussy, la médaille donnée à l'industrie agricole par la société d'agriculture du département de l'Eure.

Didion, Blanc, E. Bouchotte, Terquem, Morin,
Bergère, Soleirol, Durutte, Faivre,
membres de l'Académie;

Auget-Chédeaux et Champigneulle-Woirhaye,
membres délégués de la chambre de commerce.

Bodin et de Guillemin.

RAPPORT

SUR

L'EXPOSITION D'HORTICULTURE

DÉPARTEMENT DE LA MOSELLE,

RÉDIGÉ PAR M. FOURNEL.

Le jury préposé par l'Académie, à l'examen des produits de l'horticulture, exposés à la petite orangerie du jardin des Plantes, se composait, en dernier ressort, de MM. Bouchotte (Charles), Colle, Fournel, Haro, Lapointe. A cette commission ont été adjoints, sur la demande de l'Académie, MM. Lasaulce, membre de la société d'histoire naturelle, Périn, amateur, et Gruet fils, jardinier.

M. Fournel était rapporteur.

Metz, si justement renommée pour ses pépinières, ses jardins, ses fruits de toutes sortes, montrait un large vide qu'il importait de combler. Une fête scientifique se préparait : l'industrie, les beaux-arts étaient conviés au banquet; il appartenait donc à l'Académie de remplir cette lacune, et, pour la première fois, une exposition d'horticulture s'est ouverte dans nos murs.

On s'étonne qu'au sein d'une ville où les goûts sages et modestes, et l'esprit d'isolement et de retraite ont toujours eu de la puissance sur les mœurs, on ait donné si peu de suite aux travaux d'horticulture. Cependant les fleurs font le charme de la vie; elles donnent un nouvel éclat à la beauté, embellissent nos demeures, et font l'ornement habituel de ces temples augustes où leur parfum s'échappe, comme un encens offert à la Divinité. — L'homme naît, et les fleurs l'accompagnent du baptême au tombeau; elles décorent son berceau, couronnent sa tête aux festins d'hyménée et cachent, sous leurs gracieuses allégories, la triste et repoussante image de la mort.

Méhul, qui fut presque notre compatriote, *Méhul* trouvait dans la culture de ses tulipes les plus douces consolations au mal affreux qui minait son existence; *Millevoye* s'inspirait du parfum des plantes pour composer ses touchantes élégies; *Mirabeau* mourant se faisait couronner de fleurs; et *Malesherbes,* le vertueux *Malesherbes,* trouvait, au milieu d'un parterre, les seuls instans de bonheur qui lui fussent réservés au milieu des orages de la révolution.

Metz, cependant, toute froide qu'elle paraît aux époques lointaines de son histoire; toutes positives que sont ses mœurs et ses habitudes, eut aussi quelques hommes distingués qui se délassèrent des travaux sérieux, en cultivant les fleurs. Le nom du président de *Chazelles* est inséparable de l'agronomie du dix-huitième siècle; les trois *Tschudy* vivent encore dans la mémoire de leurs contemporains; *Pirolle* sera toujours considéré comme l'un des horticulteurs français les plus distingués; et toi, *Couthier,* toi que nous appelons le *Van Muss* messin, me sera-t-il permis de déposer sur la terre qui recouvre ton cercueil à peine fermé, cette couronne de cyprès et d'immortelles ; pourquoi ne t'ai-je pas connu lorsque, balbutiant la science, j'avais besoin des leçons d'un ami sûr et fidèle, tu aurais guidé mes pas, avec toi et par toi plus d'un sentier se serait aplani.

Un jour viendra, et ce jour est à son aurore, où les habitans du département de la Moselle inscriront sur les tablettes de l'antique cité des Médiomatriciens les noms des *Chazelles*, des *Tschudy*, des *Couthier*, à côté des noms plus sévères de nos magistrats et de nos guerriers.

Déjà nous pourrions indiquer grand nombre de personnes zélées qui s'occupent maintenant d'horticulture, d'une manière distinguée ; leurs efforts, il est vrai, sont, comme par le passé, individuels et sans liens communs, plusieurs même ne sont connus que d'un petit nombre de leurs amis ; espérons qu'une exposition périodique les engagera désormais à faire connaître leurs richesses, et à rendre les résultats de leurs travaux profitables à toute la localité.

Ces expositions seraient comme une sorte d'inventaire de notre horticulture, elles exciteraient l'émulation et ameneraient sans doute des résultats aussi avantageux pour l'industrie et l'économie domestique du pays, que ceux qu'obtiennent nos voisins de Belgique, les anglais, etc. L'examen des produits présentés dans cette première exposition, fait pressentir l'extension que pourront acquérir nos expositions futures, et constate que notre localité possède tous les élémens de succès en ce genre.

Qu'il nous soit permis de remercier d'abord, au nom de l'Académie, MM. Lasaulce, Perrin et Gruet, du zèle éclairé et loyal avec lequel ils ont rempli la tâche délicate qui leur était confiée.

1re SECTION.

LÉGUMES ET FRUITS.

En examinant la partie de l'exposition qui concerne les légumes et les fruits, la commission a été frappée du petit nombre des exposans et des produits présentés. Ce genre de culture a, à Metz, un développement qui promettait plus de richesses en produits de cette sorte. La nouveauté de ce mode d'exposition est sans doute cause du peu de résultats qu'elle a obtenu. Nul doute qu'il ne prendra une belle extension lorsqu'il aura passé dans les habitudes des jardiniers et horticulteurs messins; d'un autre côté il est juste de dire que la saison a été bien mauvaise.

D'après l'examen des produits exposés, vos commissaires ont placé en première ligne la collection de légumes présentés par MM. *Simon-Louis,* frères.

En seconde ligne, les fruits de M. *Gabriel Simon.*

Puis ils se sont proposé de citer avantageusement :

1. Quelques beaux fruits présentés par M. Dieudonné.
2. Une poire sans pépins, remarquable par sa grosseur, de M. Caye fils.
3. Un pied de Holcus-Sorgho, cultivé à Metz, en pleine terre, par M. Colin (Jacques).
4. Deux coucourzelles présentées par M. Mall.
5. Des racines et plantes fourragères, par M. Girgois, qui doit être engagé à communiquer à l'Académie le procédé qu'il dit avoir trouvé pour la destruction de l'altise ou puceron des potagers.

6. Des pieds de maïs nain, une betterave de Silésie, par M. Henrequelle.
7. Un melon d'une grosseur remarquable, par M. Moreau.
8. Enfin de très beaux légumes ordinaires, par MM. Colin (Jacques), Colin (Luc), Ismeur (Louis), Caye (Aubert), Lamiable (Félix), Gruet, Pécheur, Lapointe et Fourrier (de Metz).

2e SECTION.

PÉPINIÈRES.

Les membres du jury ont remarqué avec intérêt les produits des pépinières de MM. *Gabriel Simon* et *Simon-Louis*. Tous deux ont offert à la curiosité des amateurs, parmi un grand nombre d'arbres d'ornement et d'économie domestique, plusieurs variétés qui leur sont propres, et un grand nombre d'espèces nouvellement importées dans la culture de notre département.

Nous citerons, comme dignes de remarque, les espèces suivantes de M. Gabriel Simon :

Un *Châtaignier greffé sur chêne;* cette innovation peut offrir à la culture du châtaignier des chances certaines de succès, en remplaçant le pied délicat de cet arbre alimentaire par les racines robustes d'un arbre qui s'accommode de certains sols que refusent celles du châtaignier;

Le vrai *Orme tortillard à moyeux, reprenant de bouture*. Tout le monde sait que les fibres entrelacées du bois de cet arbre lui donnent une résistance que ne présentent pas les bois les plus estimés pour le charronnage : aussi est-il de la plus haute utilité pour notre industrie départementale, d'en favoriser la culture.

Plusieurs espèces *à feuilles panachées,* telles que le *Saule,* l'*Orme* le *Hêtre*.

Le *Camécerisier à fruits bleus,* le *Chêne discolore,* le *Chêne d'Amérique, à gros fruits,* le *Bouleau à feuilles de peuplier,* le *Cytise rose Adami,* le *Néflier parasol,* le *Hêtre pleureur,* le *Tilleul pleureur d'Amérique,* le *Cerisier dit quatre à la livre, à feuilles de tabac.*

Le *Peuplier de Metz,* obtenu de semis, est probablement une espèce hybride du peuplier d'Italie, dont il a le port, et du peuplier du Canada (*populus monilifera* ou *peuplier de Virginie,* à Metz), dont il atteint les fortes proportions ; enfin une collection d'arbres verts, parmi lesquels un *Sapin épicea à bois blanc et à feuilles blanches.* — Les prix de tous ces objets ont paru au jury assez avantageux.

Parmi les produits de MM. Simon-Louis, qui en général sont dignes d'éloges, les suivans ont particulièrement attiré l'attention.

Un *Prunus padus à feuilles d'aucuba.* Cette plante fort remarquable est une production qui leur est propre.

Le *Mûrier rose d'Italie,* le *Tilleul lacinié,* le *Cytise à fleurs violettes,* espèce encore rare, dont les fleurs élégantes promettent un ornement recherché, une collection d'arbres verts dont les prix cotés, d'après l'âge des individus, paraissent très modérés, et parmi lesquels on remarque un *épicea panaché* qu'ils ont obtenu de semis.

M. Bigourd a présenté un pied greffé d'acacia par un procédé qui aurait un avantage marqué sur l'ancienne méthode : il a paru au jury n'être qu'une application de la greffe en fente, et il aurait fallu, pour constater les bons résultats qu'annonce son auteur, l'essayer sur les sujets qui donnent ordinairement une perte de deux tiers des sujets soumis à la greffe en fente, tandis qu'il s'est servi de l'*Acacia visqueux* qui se dessèche moins facilement ; par conséquent, on ne peut arguer du succès que l'auteur a obtenu contre l'ancien procédé. D'ailleurs, si la greffe en fente est pratiquée sur de jeunes sujets, la plaie se cicatrise de manière à donner d'aussi beaux élèves dans l'année que celui qu'il a présenté.

3e SECTION.

PLANTES D'ORNEMENT.

Cette classe compte parmi ses exposans, des jardiniers horticulteurs et des amateurs qui forment naturellement deux sections. A la tête de la première, nous avons placé MM. Simon-Louis, tant pour la grande quantité des plantes nouvelles qu'ils ont fournies, que pour la rareté de quelques-unes. Nous avons remarqué plusieurs belles variétés de *Glauxinia formosa*, une *Cyclamen neapolitanum* dont les fleurs élégantes paraissent avant les feuilles, un *Araucaria excelsa*, le plus pittoresque de arbres verts, obtenu de semis; un *Elychrisum proliferum*, deux *Gnaphalium eximium*, plante du Cap, dont les fleurs d'un beau jaune, sont renfermées dans un involucre rose foncé; un *Araucaria brasilensis*, plusieurs variétés de *Rhododendrum*, parmi lesquels nous citerons le *campanulatum* et le *Russelianum*, deux vases contenant quelques belles variétés de *Dahlias*, et plusieurs autres plantes dont nous n'avons pu apprécier le mérite, parce qu'elles n'étaient pas fleuries. Dans le nombre se trouve une fort belle collection de *Cactus*.

S'il ne nous est pas permis de citer M. Gabriel Simon, pour des raisons que l'on comprendra sans doute, nous pouvons du moins mentionner la belle végétation des plantes du jardin Botanique dont il est conservateur; nous aimons à le signaler comme ayant, le premier, introduit dans notre ville la culture si difficile des plantes parasites de la famille des *Orchidées*.

M. Gloriot, de Nancy, a exposé quatre belles orchidées de différens genres, qui doivent plaire aux amateurs de fleurs singulières. L'*Oncidium papilio*, originaire de la Trinité, a surtout attiré notre attention. Nous avons encore remarqué, sous le nom de cet exposant, un *Spirea venusta*, un *OEnothera Drumondii*, un *Pinus australis* d'une belle végétation, un *Strelitzia farinosa*, enfin une singulière variété de *Nerium speciosum flore pleno*.

La collection exposée par M. Antoine Biesdorff, de Metz, sans être aussi riche que les précédentes, présente peut-être plus de variété. On y retrouve le *Gnaphalium eximium*. Ses *Fuchsia*, ses *Mimosa* méritent de fixer l'attention. Le *Witsenia corymbosa*, et le *Burchellia capensis* sont en fleurs à côté l'un de l'autre, comme dans leur pays natal. Nous citerons encore plusieurs espèces de *Polygala*, un *Epatrum celestinum*, un *Lobelia coronofila*, un *Melaleuca coronata*, et deux beaux *Erica verticillata* et *sybiana*. Nous sommes forcés de garder le silence sur plusieurs autres dont nous n'avons pas vu les fleurs.

Amateurs : M. *Aubry*, de Gorze. Les plantes déposées à l'exposition par cet amateur, quoique en petit nombre, ont l'avantage d'être toutes en fleurs. On y remarque un magnifique *Fuchsia globosa major*, un *Solanum maroniense*, un *Erythrina crista-galli*, un *Gesneria Sellovii macrostachia*, un *Justicia carnea*, et deux beaux pieds de *Phlox Drumondii*, plante encore nouvelle.

M. *Perrin* a exposé un *Cactus sulcatus* portant trois fleurs, un *Bignonia grandiflora*, un *Plumbago cærulea* d'une grande beauté, et un *Erythrina crista galli* qu'il cultive en pleine terre.

M. *Blondin*, greffier du tribunal de commerce. —

Nous avons surtout remarqué dans le lot de cet amateur, un *Hortensia opuloïdes* élevé en arbre, ce qui est d'un bel effet. M. Blondin cultive aussi comme plante alimentaire le *Tetragonia expansa* de la Nouvelle-Zélande, qui remplace avantageusement l'épinard.

M. de *Cressac* a exposé deux corbeilles de *Dahlias*, parmi lesquels se trouvaient de fort belles variétés, et M. *Lucy*, quelques autres belles variétés de *Dahlias* en pots.

Enfin M. le comte Léon *d'Ourches* et M. Charles *Bouchotte* ont enrichi notre exposition : le premier, d'une superbe fleur de *Magnolia grandiflora*, variété semi-double ; le second, d'un beau pied de *Magnolia prœcox*, aussi en fleurs.

D'après ces considérations, l'Académie a reconnu que MM. *Simon-Louis* frères méritaient la médaille de première classe ; mais elle ne peut la leur accorder, attendu qu'elle s'est interdit toute espèce de distinction en faveur de ses membres.

L'ACADÉMIE DÉCERNE :

1. A M. Gabriel Simon, de Metz, une médaille de première classe (horticulture) ;
2. A M. Gloriot, de Nancy, une médaille de seconde classe (plantes d'ornement) ;
3. A M. Aubry de Gorze, une médaille de seconde classe (plantes d'ornement) ;
4. A M. Antoine Biesdorff, de Metz, une médaille de troisième classe (plantes d'ornement) ;
5. A M. Blondin, greffier du tribunal de commerce de Metz, une médaille de troisième classe (plantes d'ornement), (à titre d'encouragement);

Mentionne honorablement MM. de Cressac, Girgois, Henrcquelle, Mall, Colin (Jacques), Moreau, Colin (Luc), Ismeur (Louis), Caye (Aubert), Caye fils et Dieudonné.

RÉSUMÉ

DES

PROPOSITIONS DU JURY.

NOMS DES EXPOSANS.	LIEUX.	PRODUITS PRÉSENTÉS.
MÉDAILLES DE 1re CLASSE.		
1. Burgun-Walter, Berger et Cie...	Goëtzenbruck.	Verres de montres, verres à pendules.
2. D'Huart de Nothomb........	Longwy..........	Faïencerie.
3. De Frontgous..	Fontoy (Moselle)...	Ferblanterie, chaudronnerie
4. Gauthier.......	r. de la Gde-Armée, 3.	Papiers peints.
5. Lamort........	r. du Palais, 10....	Typographie.
6. Gorius........	Faulquemont.......	Bonneterie feutrée.
7. Gillard (frères).	Sierck............	Cuirs.
8. Georges.......	p. de la Cathédrale, 7.	Sellerie.
9. Musillon.......	11e comp. d'artillerie.	Pendules balistiques.
10. Betford........	Metz, p. St-Vincent, 7	Tour en l'air.
11. Langer........	r. du Mché-Couvert, 4.	Piano.
12. Simon Gabriel..	r. des Capucins (jardin des Plantes).	Horticulture.

NOTA. M. Werly, de Bar-le-Duc, et M. Picot, de Châlons-sur-Marne, n'ont pu, en leur qualité d'étrangers au département, recevoir la médaille de première classe dont l'Académie les avait jugés dignes.

MM. Emile Bouchotte et compagnie se sont encore, cette année, volontai-

NOMS DES EXPOSANS.	LIEUX.	PRODUITS PRÉSENTÉS.

RAPPELS DE MÉDAILLES DE 1re CLASSE.

1. Seiler.........	Saint-Louis........	Verrerie.
2. Fabry et Utschneider...........	Sarreguemines	Poterie de grès, etc.
3. Varlet.........	Fontoy (Moselle)....	Ferblanterie, chaudronnerie
4. Robinet (aîné)..	p. Saint-Louis, 40..	Chaudronnerie, moules à pâtisserie.
5. Mme Valter.....	r. Saint-Vincent, 13.	Velours et peluches.
6. Schmaltz......	r. Saint-Médard, 4..	Peluches, velours, soieries.
7. Toussaint......	r. du Petit-Paris, 12.	Passementerie.
8. Ch. Linden et fils.	r. Tête-d'Or, 14....	Cols, tapis et toiles cirées.
9. P. J. Chédeaux et compagnie.....	p. Sainte-Croix	Broderies,
10. Delbosque-Mélo.	r. de la Fontaine, 19.	Brosserie
11. Gugnon (aîné)..	p. Napoléon, 15....	Appareil distillatoire.

MÉDAILLES DE 2e CLASSE.

1. Haffener.......	Ile Chambière......	Tuiles, briques, tuyaux, fourneaux économiques.
2. Thiry (fils).....	r. des Clairvaux, 1..	Serrures de sûreté.
3. Theveny.......	r. Fournirue, 33....	Coutellerie, instrumens de chirurgie.

rement retirés du concours; sans cette circonstance, le nom de ces honorables fabricans se trouverait, d'après le témoignage même de l'Académie, dans la liste des distinctions de première classe. (Rue Saint-Vincent, n° 13.)

M. Dembour, graveur, imagier et lithographe, a dû également, malgré l'importance de ses produits, mais en sa qualité de membre de l'Académie, renoncer à la distinction du premier ordre dont le jury se serait plu à l'honorer. (Place Saint-Louis, n° 8.)

NOMS DES EXPOSANS.	LIEUX.	PRODUITS PRÉSENTÉS.
4. Roekel-Dubut..	r. Fournirue, 60....	Lampes, ferblanterie, chaudronnerie.
5. Peduzzi-Cavallo.	r. Font^{ne}-St-Jacq., 2.	Cannes et parapluies.
6. Maury........	r. Fournirue, 1.....	Passementerie.
7. Jacob, dit Cerf-Beer..........	r. de l'Arsenal, 45..	Broderies en or.
8. Lalleberteaux...	r. des Allemands, 57.	Cuirs.
9. Michels-Maire..	r. des Pet.-Tappes, 1.	Cordonnerie.
10. Voisard.......	r. Neuve-St-Louis, 4.	Chapeaux en peluche de soie
11. Baudouin......	p. Saint-Louis, 6...	Chapeaux de feutre et de soie
12. Appold (frères)..	Boulay et St-Avold..	Produits chimiques.
13. Léonard.......	Courcelles-Chaussy..	Machine à battre.
14. Gugnon-Dosse..	r. Pet^{te}-Boucherie, 7.	Appareil distillatoire.
15. Villemotte.....	r. Chambière, 30...	Etaux.
16. Jacotin........	Conflans..........	Balance de précision.
17. Caye..........	p. d'Austerlitz, 4...	Instrumens de musique.
18. Gloriot........	Nancy............	Plantes d'ornement.
19. Aubry.........	Gorze.............	Plantes d'ornemen

RAPPELS DE MÉDAILLES DE 2e CLASSE.

1. Cornette.......	r. du Fort, 8......	Enclumes.
2. Grave (Pierre)..	r. des Capucins, 13..	Chaises.

NOTA. M. Dupuy, lithographe, a dû renoncer, en sa qualité de membre d. l'Académie, à la distinction de 2e classe, dont l'importance croissante de s. établissement l'avait rendu de plus en plus digne aux yeux du jury. (Rue d. Prêcheresses, 7.)

NOMS DES EXPOSANS.	LIEUX.	PRODUITS PRÉSENTÉS.
3. Schwab et Haas..	p. Croix-outre-Moselle, 18........	Flanelles, castorines.
4. Bodin.........	p. de la Cathédrale, 9.	Instrumens de précision.

MÉDAILLES DE 3e CLASSE.

NOMS DES EXPOSANS.	LIEUX.	PRODUITS PRÉSENTÉS.
1. Spinga et Appold.	Saint-Avold........	Faïencerie, poêles de faïence
2. David frères....	r. St-Gengoulf, 24..	Quincaillerie.
3. Robinet (aîné)...	p. Saint-Louis......	Tubes tirés au banc.
4. Dosse.........	r. Mazelle, 5.......	Cloches.
5. Gangloff.......	Ippling (près Sarreguemines........	Epinglerie.
6. Marchal........	r. Chaplerue, 38...	Ebénisterie.
7. Brifaut........	r. de la Chèvre, 59..	Ebénisterie.
8. Brandebourg....	r. Pont-des-Morts, 18.	Ebénisterie.
9. Gusse.........	r. des Clairvaux, 1..	Chaises.
10. Terquem et May.	rue de la Croix-de-Fer, 1.	Reliure, gainerie, cartonnage, coloriage.
11. Schwartz.......	r. Serpenoise, 20..	Reliure.
12. Toussaint......	r. Fournirue, 22....	Registres de commerce....
13. Milar..........	r. des Clercs, 7....	Modèles en carton.
14. Barthélemy (Ele).	r. Saint-Georges, 1..	Etoffes de laine, manchons à papeteries.
15. Mlle Communaux.	r. des Clercs, 15...	Corsets.
16. Lion..........	r. Fournirue, 64...	Cols.
17. Gérard........	r. du Champé, 50..	Cuirs forts.
18. Bretnacher.....	Boulay...........	Cuirs vernis.

NOMS DES EXPOSANS.	LIEUX.	PRODUITS PRÉSENTÉS.
19. Pelletier.......	r. du Change, 9....	Cordonnerie.
20. Michels-Sindic..	p. du Quarteau, 35..	Cordonnerie.
21. Auburtin.......	r. Fournirue, 58....	Chapellerie.
22. Lambert.......	r. Saint-Ferroy, 17..	Noir d'ivoire et savon.
23. Hourlier.......	r. Saulnerie, 95....	Amidon.
24. Duvivier.......	r. de la Monnaie, 40.	Corps de pompe.
25. Peiffer.........	p. Saint-Louis, 59...	Cornet à pistons.
26. Biesdorff Antoine	Metz..............	Plantes d'ornement.
27. Blondin........	Metz..............	Plantes d'ornement.

RAPPELS DE MÉDAILLES DE 3e CLASSE.

1. Hangen........	r. des Allemands, 73.	Poterie, poêles de Faïence.
2. Vauconsant.....	Plantières, près Metz.	Etrilles.
3. Duvivier.......	r. de la Monnaie, 40.	Robinets, roulettes en cuiv.
4. Paul..........	r. Taison, 27......	Embouchoirs mécaniques, paillasses élastiques.
5. Verronnais.....	r. des Jardins, 14...	Typographie.
6. Lazar-Aaron....	r. Vincentrue, 30...	Etoffes de laine et de coton.
7. Mme Thouvenaint veuve Menet...	r. de la Cathédrale, 2.	Corsets.
8. Crosse (jeune)...	r. du Change, 12....	Chapellerie.

MENTIONS HONORABLES.

1. Georges........	r. des Jardins......	Assemblages de verres de couleur.
2. Mme Vve Dubois.	r. Chaplerue, 1.....	Coutellerie.

NOMS DES EXPOSANS.	LIEUX.	PRODUITS PRÉSENTÉS
3. Villemotte (père).	Plantières, près Metz.	Etrilles.
4. Bigourd.......	Metz.............	Scies de scieurs de long.
5. Monchy........	r. du P^t-des-Morts, 1.	Toitures en zinc.
6. Jacob.........	r. des Jardins......	Alambic, baignoire.
7. Mauvais........	r. des Trinitaires, 22.	Ebénisterie.
8. D'Hermange....	r. de la Chèvre, 38.	Sculptures sur bois.
9. Grave (Nicolas)..	r. des Capucins.....	Chaises.
10. Lavigne........	Citadelle (sap^r au 1er régiment du génie).	Jardinière en bois.
11. Grandjean (père).	Quai du Fort, 1....	Voitures d'enfans.
12. Martin.........		Pommelles en bois.
13. Grandjeau (fils)..	Quai du Fort, 1....	Bois de selles.
14. Godart et Page..	r. Fournirue, 4.....	Papiers peints.
15. Mme Jeandin....	r. Taison, 11......	Corsets.
16. Fautch.........	r. du Petit-Paris, 15.	Vêtemens d'hommes.
17. Dubut.........	r. Fournirue, 49....	Blouses.
18. Mme Pongs.....	Metz..............	Damassé.
19. Mme Casse......	r. Saint-Louis......	Fleurs artificielles.
20. Mme Becker.....	p. de la Cathédrale, 9.	Broderies et tapisseries sur canevas.
21. François.......	r. Porte-Enseigne, 22.	Cordonnerie.
22. Grégoire.......	r. du Palais, 13....	Cordonnerie.
23. Jacquemin......	r. Porte-Enseigne, 10.	Cordonnerie.
24. Fontaine.......	Metz..............	Cordonnerie.

NOMS DES EXPOSANS.	LIEUX.	PRODUITS PRÉSENTÉS.
25. Pardon........	r. des Jardins, 21...	Cordonnerie.
26. Péchoutre......	r. des Pet^{es}-Tappes, 6.	Cordonnerie.
27. Champigny.....	r. Chaplerue, 17....	Perruques.
28. Chauvet........	r. Chaplerue, 17....	Perruques.
29. Lapierre.......	r. Pierre-Hardy, 12.	Perruques et toupets.
30. Florentin......	p. du Quarteau, 26.	Perruques et toupets.
31. Witaker.......	r. du Faisan, 4.....	Perruques et toupets.
32. Grégoire.......	r. du Therme, 2....	Plumes à écrire.
33. Biron.........	r. Fournirue, 76...	Potée d'étain.
34. Schmit-Royer...	r. Vincentrue......	Bougie et cierges dits *de l'étoile.*
35. Watrin........	Moulin-Neuf-sous-St-Avold..........	Amidon.
36. De Cressac.....	Metz..............	Plantes d'ornement.
37. Girgois........	Solgne............	Plantes fourragères.
38. Henrequelle....	Metz..............	Plantes économiques.
39. Mall..........	Metz..............	Plantes économiques.
40. Colin (Jacques)..	Metz..............	Plantes économiques.
41. Moreau........	Sablon............	Plantes économiques.
42. Colin (Luc).....	Sablon............	Plantes économiques.
43. Ismeur (Louis)..	Montigny..........	Plantes économiques.
44. Caye (Aubert)...	Montigny..........	Plantes économiques.
45. Caye (fils)......	Montigny..........	Fruits.
46. Dieudonné.....	Metz..............	Fruits.

NOMS DES EXPOSANS.	LIEUX.	PRODUITS PRÉSENTÉS.
RAPPELS DE MENTIONS HONORABLES.		
1. Syndic........	r. Fournirue, 18....	Lampes.
2. Boutefroy......	r. Porte-Enseigne, 13.	Reliure.
3. Mme Gérard-Watrin..........	r. du Palais, 3.....	Tapisserie sur canevas.
CITATIONS.		
1. Deny..........	r. Marchant........	Statue moulée, en composition de chaux et de recoupes de pierres.
2. Vautier........	r. sur les Murs.....	Coutellerie.
3. Dieudonné.....	Metz.............	Hache de charpentier.
4. Cerfon.........	Cour-de-Ranzières, 8.	Taillanderie.
5. François-Vaillant	r. des Jardins......	Fourneaux de cuisine en fonte et tôle.
6. Rémond.......	au Fort...........	Baignoire de reins en zinc.
7. Biron.........	r. Fournirue.......	Poterie d'étain.
8. Gugnon (aîné)...	p. Napoléon, 15....	Fonte étamée.
9. Duval.........	Metz..............	Ebénisterie.
10. Fidric.........	r. des Jardins, 17..	Ebénisterie.
11. Alzinger.......	r. du Gr.-Cerf, 9 bis.	Ebénisterie.
12. Noël..........	r. des Parmentiers, 1.	Chiffres et planches gravés.
13. Barillot-Kerbach	r. Fournirue, 10...	Cannes et parapluies.
14. Bourg.........	Arcades St-Louis...	Vannerie.
15. Didier.........	Arcades St-Louis...	Vannerie.

NOMS DES EXPOSANS.	LIEUX.	PRODUITS PRÉSENTÉS.
16. François.......	Arcades St-Louis...	Vannerie.
17. Masson........	r. Boucherie-Saint-Georges, 27.....	Carton.
18. E. Jacob.......	r. du Champé......	Dessins de broderies.
19. Mme Labaume...	p. d'Austerlitz, 33..	Blouses.
20. Mlle Voisard....	r. de la Princerie, 11.	Broderie et tapisserie.
21. Mlle Boulanger..	r. des Clercs, 20....	Chemise.
22. Martin.........	p. Napoléon, 13....	Tapisserie.
23. Chenot........	r. Saulnerie, 7.....	Cuirs.
24. Riff...........	Boulay...........	Cuirs.
25. Collot.........	r. Taison, 4.......	Cordonnerie.
26. Doeuil........	r. Basse-Seille, 26..	Guêtres en cuir, sans coutures.
27. Boya..........	Metz.............	Selles.
28. Crouzillard.....	Metz.............	Selles.
29. Crafft.........	r. du Petit-Paris, 7..	Bandages.
30. Mme Brusseaux..	p. d'Austerlitz, 2...	Pelleterie.
31. Watrin........	r. des Jardins, 3...	Cheveux tressés.
32. Mme Oswald....	r. des Huiliers.....	Oiseaux empaillés.
33. Mme veuve Fourquin.	r. Taison.	Chandelles et bougies bâtardes.
34. Mary..........	r. Mazelle, 43.....	Huile épurée.
35. Pierné........	r. Saulnerie, 109...	Amidon.
36. Revellon.......	r. Marchant........	Modèle de pressoir.

NOMS DES EXPOSANS.	LIEUX.	PRODUITS PRÉSENTÉS.
37. Gille..........	quai Saint-Louis....	Pompe à incendie.
38. Langevelle.....	r. Goussaud, 6.....	Pompe à incendie.
39. Delaitre........	r. Boucherie-Saint-Georges.	Pompe à incendie et modèle de pompe ordinaire.
40. Jacot..........	r. de la Tête-d'Or...	Horloge de tour.

METZ. — IMPRIMERIE DE S. LAMORT.

www.ingramcontent.com/pod-product-compliance
Lightning Source LLC
LaVergne TN
LVHW050424160826
845677LV00002BA/517

* 9 7 8 2 3 2 9 6 9 7 8 3 3 *